곤충 견문락

글과 사진 손윤한

모두가 똑같은 답이 아닌 다른 답이 세상을 변화시키고, 장난이 세상을 유쾌하게 만든다고 생각하는 저자는 매일 산과 들로 다니며 곤충, 풀꽃, 거미, 버섯 등 자연 친구들을 사진에 담아 용인 부아산 자락의 다래울이라는 작은 마을에 1인 생태연구소 '흐름'에서 그들의 삶을 글로 옮기고 있다.

대학에서 신문방송학과 신학을 전공했지만 지금은 자연 생태와 관련된 강연, 생태 교육, 모니터링, 도감 제작 등을 하고 있으며, 아이들과 산과 들로 다니며 생태 관찰과 놀이를 할 때 가장 행복하다.

책으로는 거미의 생태를 다룬 『와! 거미다: 새벽들 아저씨와 떠나는 7일 동안의 거미 관찰 여행』과 물속 생물의 생태와 환경을 다룬 『와! 물맴이다: 새벽들 아저씨와 떠나는 물속 생물 관찰 여행』과 '새벽들 아저씨와 떠나는 밤 곤충 관찰 여행' 『와! 박각시다』『와! 참깽깽매미다』『와! 폭탄먼지벌레다』『와! 콩중이 팥중이다』를 펴냈다.

현재 생태 활동가로 다양한 생태 관련 일을 하고 있다.

곤충 견문락 ❶

초판 1쇄 발행일 | 2022년 05월 13일

지은이 | 손윤한
펴낸이 | 이원중

펴낸곳 | 지성사 **출판등록일** | 1993년 12월 9일 등록번호 제10–916호
주소 | (03458) 서울시 은평구 진흥로 68, 2층
전화 | (02) 335–5494 **팩스** | (02) 335–5496
홈페이지 | www.jisungsa.co.kr **이메일** | jisungsa@hanmail.net

ⓒ 손윤한, 2022

ISBN 978–89–7889–495–1 (04490)
       978–89–7889–494–4 (세트)

곤충
견문락 見聞樂

글과 사진 손윤한

 지성사

일러두기

1. 이 책은 곤충에 대한 정의, 한살이, 생태 특징, 분류 등에 관한 이야기를 사진으로 전달하는 관찰기록입니다.

2. 각 종에 대한 이해를 돕기 위해 다양한 각도에서 찍은 사진을 설명과 함께 실었습니다. 이 책에 실린 구체적인 수치, 예를 들어 날개편길이, 몸길이, 출현 시기 등은 도감이나 다양한 자료에서 인용했으며 필요한 경우 출처를 본문에서 밝히거나 책 뒤 참고 자료로 정리했습니다.

3. 이 책에 실린 곤충 이름은 '국가생물종목록(2019)'에 따랐으며 아직 목록에 올라 있지 않은 곤충 이름이나 바뀐 이름 등은 괄호 안에 이전 이름과 같이 표기하거나 괄호 안에 '신칭'으로 따로 표기했습니다. 예를 들어 발해무늬의병벌레(노랑무늬의병벌레), 북방색방아벌레(노란점색방아벌레), 이른봄꽃하늘소(신칭)처럼 말이죠. 괄호 안의 이름이 이전 이름으로 바뀐 이유에 대해서는 본문에 설명했습니다.

4. 이 책에 실린 사진은 모두 필자가 찍은 것으로 필요한 경우에만 날짜를 표기했습니다.

5. 이 책은 우리나라에 사는 곤충 가운데 필자가 관찰한 곤충을 일반적인 분류 방식에 따라 정리했습니다.

곤충 이야기

'보고 듣다'는 한자로 '시視, 청聽'이라고 합니다. 그래서 TV를 보는 사람을 시청자라고 하죠. 학교에 가면 시청각 교실이 있는데 여기서도 주로 보고 듣는 교육이 이루어집니다. 그런데 같은 '보고 듣다'를 때로는 견見, 문聞이라고도 표현합니다.

시視와 청聽 그리고 견見과 문聞. 우린 이미 이 단어를 생활 속에서 적절하게 구분해 사용하고 있습니다. 보고 듣는 것은 같지만 TV를 보는 사람을 견문자라고 하지 않고 시청자라고 한다든가, 여행을 통해 얻은 지식이 많으면 시청이 넓어졌다고 하지 않고 견문이 넓어졌다고 하는 식으로 말이죠.

노자의 『도덕경』 14장에 보면 "시지불견視之不見, 청지불문聽之不聞"이라는 구절이 있습니다. '시視하면 견見할 수 없고, 청聽하면 문聞할 수 없다' 정도로 해석할 수 있을까요? 다양하게 해석할 수도 있지만 저는 나름대로 이렇게 풀이해 봅니다. 시視가 있으면 견見을 얻을 수 없고, 청聽이 있으면 문聞을 얻을 수 없다고 말이죠. 시와 청이라는 단어는 내가 감각의 주체가 될 때 주로 쓰고,

견과 문은 감각의 객체가 될 때 주로 쓰는 단어입니다.

숲에 들어갈 때 보고 싶은 것, 봐야만 할 것 등 자신의 감각을 주도적으로 사용하는 사람과 보이는 대로, 들리는 대로 숲에 들어가는 사람이 있다고 합니다. 숲과의 교감을 원하는 사람은 아마 후자의 경우이겠지요. 숲이 보여주는 대로, 들려주는 대로 그대로 보고 듣다 보면 어느새 숲과 하나 된 자신을 발견할 수 있을 겁니다. 자신의 감각을 주도적으로 사용해 보고 싶은 것만 보고 듣고 싶은 것만 듣는다면 숲과 하나가 되기는 힘들 겁니다. 숲과 교감하기 보다는 숲을 평가하고 판단하게 될 것이며 자신의 잣대로 숲을 '재단'하게 되 겠지요.

책 제목에 들어 있는 견문見聞은 이런 뜻입니다. 곤충에 대한 이야기를 보여주는 대로 들려주는 대로 풀어보려는 의도입니다. 그리고 그 과정이 단순한 '기록錄'이 아닌 '즐거움樂'의 과정이었기에 록錄이 아니라 락樂입니다.

곤충 견문락見聞樂! 보여주는 대로, 들려주는 대로 풀어본 곤충에 대한 이야기이며, 이는 숭고한 즐거움입니다. 바라건대, 이 책을 통해 곤충에 대한 시청이 넓어지기보다는 견문이 넓어졌으면 좋겠습니다. 그리고 그 과정이 즐거움이고 신나는 일이었으면 더더욱 좋겠습니다.

이 책은 도감 형식의 책이라든가 생태만을 중점적으로 설명하는 책이 아닙니다. 그렇다고 전문적인 분류학이나 곤충학學에 관한 책은 더더욱 아닙니다. 이 모두를 다루기는 하지만 이들 언저리 어디쯤 자리할 만한 책입니다.

한 번쯤 들어봤음 직한 이야기를 시작으로 곤충의 분류나 한살이, 그리고 종별 특징 등을 이야기하듯 풀어보았습니다. 직접 찍은 사진을 많이 사용했으며, 필요에 따라 표나 그림을 이용했습니다. 통계나 전문적인 연구 성과로 나타난 수치들은 인용 시 출처를 밝혀 이 부분에 대해 더 자세히 알고 싶은 사람들에게 도움이 되도록 했습니다.

모든 곤충을 이야기하지는 않습니다. 주로 우리 주변에서 조금만 관심을 가지면 만날 수 있는 곤충을 중심점에 두고 그 주변을 함께 살펴봅니다. 그리고 곤충 분야에서 새롭게 떠오르고 있는, 예를 들면 기후변화와 관련된 이야기, 멸종위기종이나 보호종 등에 대한 이야기도 필자가 직접 찍은 사진을 가지고 설명했습니다.

여기에 실린 자료와 내용들은 자신의 연구 분야와 관심 분야에서 지속적으로 연구하고 관찰한 분들의 결과물인 책이나 인터넷 자료의 도움이 컸습니다. 잠자리, 나비, 나방, 노린재, 딱정벌레, 애벌레, 벌, 파리, 하늘소, 메뚜기…… 이분들의 책과 자료가 좋은 지침이 되었습니다. '곤충 견문락'에 실린 구체적인 수치들이나 특정 관찰 결과들은 이분들의 자료 도움 없이는 힘들었을 것입니다.

자신의 분야에서 묵묵히 이 일을 하시고 결과물까지 만들고, 그것을 아낌없이 공유해 주신 모든 분에게 존경과 감사의 박수를 보냅니다.

이 책은 곤충들에 대한 이야기이지만 사실은 저의 이야기일 수 있습니다. 곤충들을 만나 사진으로 기록하고 정리하는 일 속에서 보고 느낀 것을 기록한 개인적인 결과물입니다. 그래서 객관적인 정보보다는 주관적인 느낌을 전달하려고 노력했습니다. 관심을 가지고 잠깐만 검색해 보면 알 수 있는 정보보다는 저의 느낌을 전달하려고 애썼습니다.

이런 전달 수단으로 사진을 택했습니다. 제가 가장 좋아하고 잘할 수 있으며 지속적인 작업이 가능한 것이 사진이기 때문입니다. 되도록 설명보다는 다양한 사진을 보여드리려고 했습니다. 다양한 모습을 보고 나면 그 대상에 대해 더 잘 이해할 수 있을 것이라는 생각 때문입니다.

이 책은 '연구'의 결과물이 아닌 '관찰'의 결과물이며 '사실'을 정리한 책이 아닌 '느낌'을 사진으로 채운 책입니다. 나아가 좋아하는 일을 계속할 수 있었던 그 일에 대한 즐거움의 '과정'이기도 합니다.

본격적인 곤충에 대한 이야기를 하기 전에 먼저 요즘 일반적으로 사용되고 있는 곤충 분류표를 설명하는 것으로 시작해 보겠습니다. '일반적으로' 사용된다고 토를 단 이유는 곤충 분류가 조금씩 다르기 때문입니다. 또한 분류의 방식이 계속해서 변하고 있기 때문이기도 합니다.

참, 이 책에서 곤충이라는 명칭은 몸이 머리, 가슴, 배로 이루어진 절지동물(마디로 이루어진 동물)로 더듬이는 한 쌍, 다리는 세 쌍인 동물을 지칭합니다. 일반적으로 날개가 두 쌍인 조건도 이야기하지만 이 책에서는 날개가 없는 무시류에 대해서도 이야기할 생각이므로 날개가 두 쌍이라는 일반적인 정의는 포함하지 않았습니다.

● 곤충 분류표

❶ 무시아강			돌좀목, 좀목
❷ 유시아강	❸ 고시류		하루살이목 잠자리목
	❹ 신시류	❺ 외시류 — ❻ 메뚜기군	❼ 귀뚜라미붙이목(갈르와벌레목) ❽ 바퀴목(바퀴, 사마귀, 흰개미) 흰개미붙이목 강도래목 집게벌레목 메뚜기목 대벌레목
		❾ 노린재군	다듬이벌레목 이목 총채벌레목 ❿ 노린재목(매미아목)
		⓫ 내시류	⓬ 풀잠자리목(명주잠자리, 풀잠자리, 사마귀붙이, 뱀잠자리) ⓭ 약대벌레목(새로운 명칭) 딱정벌레목 부채벌레목 벌목 밑들이목 벼룩목 파리목 날도래목 나비목

곤충의 분류

곤충은 동물계-절지동물문-곤충강에 속합니다. 이 곤충강은 날개(시趨)의 유무를 기준으로 무시아강과 유시아강으로 나뉩니다. 날개가 없는 곤충은 무시아강, 날개가 있는 곤충은 유시아강에 속합니다.

유시아강은 다시 날개를 배 위로 겹쳐 접을 수 있느냐 없느냐를 기준으로 고시류와 신시류로 나뉩니다. 날개를 배 위로 겹쳐 접을 수 없는 곤충이 고시류에 속합니다. 잠자리와 사마귀의 날개 접는 방식의 차이를 생각해보면 이해가 빠를 겁니다. 우리나라에 사는 곤충들 가운데 하루살이목과 잠자리목만이 고시류에 속합니다.

신시류는 다시 외시류와 내시류로 나뉘는데, 이때 번데기 유무가 기준입니다. 알-애벌레-성충 단계를 거치는 안갖춘탈바꿈(불완전변태)을 하는 곤충은 외시류, 알-애벌레-번데기-성충의 단계를 거치는 갖춘탈바꿈(완전변태)을 하는 곤충이 내시류입니다.

외시류는 다시 입의 형태에 따라 씹어 먹는 입(입틀)인 메뚜기군과 빨아 먹는 입

(입틀)인 노린재군으로 나뉩니다. '입(입틀)'이라고 쓰는 이유는 곤충의 입이 우리와는 달리 매우 구조가 복잡해서 보통 입틀 또는 구기口器라고 하기 때문입니다.

외시류와 달리 번데기 단계를 거치는 내시류는 유충과 성충의 형태가 전혀 다르며, 딱정벌레를 비롯해 많은 곤충이 여기에 속합니다.

납작돌좀 대표적인 무시류로 날개가 없는 원시적인 곤충이다. 이끼 낀 바위 위를 납작한 새우처럼 돌아다닌다.

❶ 무시아강 : 날개(시翅)가 없는(무無) 곤충으로 납작돌좀, 좀 등이 이에 속한다. 일개미처럼 날개가 퇴화된 곤충은 유시아강으로 다룬다.

❷ 유시아강 : 날개가 있는 곤충으로 대부분의 곤충이 여기에 속한다.

❸ 고시류 : 옛날(고古) 형태의 날개(시翅)를 가진 곤충으로 날개를 배 위에 겹쳐 접을 수 없다. 우리나라에 사는 곤충으로는 하루살이목과 잠자리목이 있다. 한살이도 독특하다. 하루살이는 알 - 애벌레 - 아성충 - 성충을 거치며, 잠자리는 알 - 애벌레 - 미성숙 - 성숙 단계를 거친다.

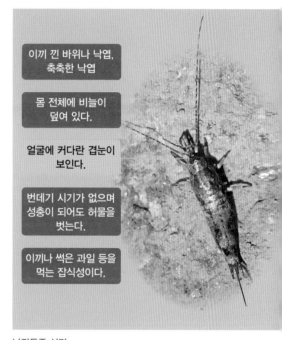

이끼 낀 바위나 낙엽, 축축한 낙엽

몸 전체에 비늘이 덮여 있다.

얼굴에 커다란 겹눈이 보인다.

번데기 시기가 없으며 성충이 되어도 허물을 벗는다.

이끼나 썩은 과일 등을 먹는 잡식성이다.

납작돌좀 설명

좀 역시 대표적인 무시류로 이름과 달리 아름다운 곤충이다.

동양하루살이 아성충 날개가 불투명하다. 아성충 단계를 거친 후 성충이 된다.

동양하루살이 성충 날개가 투명하다. 아성충에서 허물을 한 번 벗어야 성충이 된다. 이 과정은 물이 아닌 육상에서 이루어진다.

대표적인 외시류인
밑들이메뚜기
허물을 벗으면서 성장한다.
번데기 과정 없이 성충이
된다. 허물벗기는 거꾸로
된 자세에서 이루어진다.

❹ 신시류: 날개가 새로운(신新) 형태의 무리로, 고시류를 제외한 유시아강의 곤충이다.

❺ 외시류: 밖(외外)에서 날개가 자라는 것이 보이는 곤충으로 알 – 애벌레 – 성충의 안갖춘탈바꿈을 한다. 번데기를 만들지 않고 허물을 벗으면서 성장한다. 허물을 벗을 때마다 날개가 자라는 게 보인다.

❻ 메뚜기군: 번데기를 만들지 않는 외시류 가운데 입(입틀)이

씹어 먹는 형태로 된 곤충이다.

귀뚜라미붙이목의 오대산갈르와벌레

❼ 귀뚜라미붙이목(갈르와벌레목): 갈르와벌레목이라고 했던 것을 최근에 귀뚜라미붙이목이라 부른다. 참고로 '갈르와'는 이 곤충을 처음 발견한 프랑스 학자의 이름이다.

❽ 바퀴목(사마귀아목, 흰개미아목): 난협목이라고도 하는데 주로 알집을 만드는 곤충이다. 예전에는 바퀴목, 사마귀목, 흰개미목이 독립적으로 분류되었지만 현재는 모두 바퀴목으로 통일하고, 사마귀목이나 흰개미목은 바퀴목 안의 하위 개념에 속한다.

❾ 노린재군: 번데기를 만들지 않는 외시류 가운데 입(입틀)이 빨아 먹는 형태로 된 곤충이다.

❿ 노린재목(매미아목): 예전에는 노린재목과 매미목이 독립적으로 분류되었지만, 현재는 매미목은 노린재목의 하위 개념에 속한다. 예를 들어 참매미의 분류는 노린재목 – 매미아목 – 매미과 – 참매미이다.

⓫ 내시류: 유시아강 가운데 번데기를 만드는 곤충 무리다. 날개가 애벌레의 몸속(체벽 안쪽)에서 만들어지기 때문에 내(안 내內)시류라고 하며 이 날개는 번데기 시기에 처음으로 몸 밖으로 나온다.

⓬ 풀잠자리목(뱀잠자리과): 예전에는 풀잠자리목, 뱀잠자리목이 독립적으로 분류되었지만 현재는 뱀잠자리목은 풀잠자리목 안에 포함된다. 예를 들

노란뱀잠자리 잠자리 집안이 아닌 풀잠자리 집안에 속한다.

어 노란뱀잠자리는 풀잠자리목 – 뱀잠자리과 – 노란뱀잠자리이다.

이 무리에는 이름에 잠자리가 붙었지만 잠자리 무리가 아닌 곤충이 있다. 풀잠자리, 명주잠자리, 뿔잠자리, 노랑뿔잠자리, 뱀잠자리 등으로, 이들은 고시류의 잠자리와는 완전 다른 내시류 분류군에 속한다.

이름에 사마귀가 있는 사마귀붙이도 풀잠자리목에 속한다. 번데기 시기가 없으면서 씹어 먹은 입(입틀)인 사마귀와는 완전 다른 내시류 분류군이다. 풀잠자리목에 속한 곤충들은 번데기를 만드는 갖춘탈바꿈을 한다.

❸ 약대벌레목(신칭): 예전에는 풀잠자리목에 속했지만 현재는 풀잠자리와는 다른 특징들이 밝혀지면서 약대벌레목이라는 새로운 분류군이 생겼다. 약대는 낙타의 옛말(고어)이다.

약대벌레 애벌레 주로 나무껍질 속에서 생활한다.

약대벌레 성충 기어 다니는 모습이 약대(낙타)를 닮았다.

곤충 분류표를 이해하면 곤충을 만나고 관찰하는 일이 더 깊어지고 재미있습니다. 그리고 모르는 곤충을 만나도 조금만 관심을 기울이고 노력하면 어느 집안에 속하는지 알아채기 쉽고 이를 바탕으로 이름이나 한살이 등의 생태를 짐작할 수 있습니다.

그럼, 이 곤충이라는 생명체는 전체 생물 분류군에서 어떤 위치에 있을까요? 이 책에서 분류를 전문적으로 다루지는 않지만, 곤충이라는 생명체가 전체 동물 분류군에서 어떤 위치에 속하는지 알고 나면 곤충을 이해하는 데 도움이 될 겁니다. 나아가 곤충과 종종 혼동되는 거미, 톡토기, 노래기 등 우리가 일반적으로 '벌레'라고 부르는 개체들이 어떤 분류군에 속하는지 쉽게 이해가 될 겁니다.

동물계	❶ 절지동물문	❷ 협각아문			거미, 전갈, 응애 등
		❸ 다지아문			노래기, 지네 등
		❹ 갑각아문			새우, 가재 등
		❺ 육각아문	❻ 내구강		톡토기, 낫발이, 좀붙이 등
			❼ 곤충강	무시아강	돌좀, 좀 등
				유시아강	무시아강 외 모든 곤충

❶ **절지동물문**節肢動物門: 부속지에 마디가 있는 동물의 분류군
❷ **협각아문**鋏角亞門: 절지동물문의 한 아문으로 '협각鋏角'이란 먹이를 쥐는 뾰족한 부속지라는 뜻이다. 보통 머리가슴부(두흉부)와 배(복부) 두 부분으로 이루어졌으며 더듬이(촉각)는 없고 입 앞에 제1부속지가 협각이라는 먹이 먹는 입 같은 형태로 변형되었다.

협각류인 적갈논늑대거미 독이빨(독니)라고 부르는 것이 협각 협각류인 전갈 종류(사육하는 개체)
이다. 털북숭이 늑대거미로 몸이 '적갈색'이다.

❸ 다지아문多肢亞門: 다리가 여러 개인 절지동물문의 한 아문이다.

❹ 갑각아문甲殼亞門: 갑옷 형태의 딱딱한 겉껍질이 몸을 감싸고 있으며 주로 물속 생활을 한다.

❺ 육각아문六脚亞門: 다리가 6개인 절지동물의 한 분류군이다.

❻ 내구강內口綱: 입(구기)이 침 형태로 머리 안쪽에 숨겨져 있어 붙인 이름이다. 곤충과 달리 눈이 겹눈이 아니라 몇 개의 홑눈으로 되어 있는 등 곤충과는 몇 가지 다른 점이 있다.

다지류인 왕지네 밤 숲에 가면 자주 보인다. 다지류인 황주까막노래기 하천가 등 습기가 많은 곳에 가야 쉽게 만날 수 있다. 갑각류인 가재

다리 6개, 겹눈이 발달하지 않았다. 배 끝에 도약기가 있고, 탈바꿈을 하지 않는다.

톡토기

수컷이 정자 방울을 만들어 바닥에 붙여두면 암컷이 주워 가는 방식으로 수정한다.

톡토기

내구류인 알톡토기류

민들레 위에 있는 알톡토기류를 확대한 사진

❼ **곤충강昆蟲綱**: 몸이 머리, 가슴, 배 세 부분으로 되어 있고 다리가 3쌍, 더듬이는 한 쌍, 보통 2개의 겹눈과 3개의 홑눈(2개이거나 없는 곤충도 있다), 그리고 4쌍의 날개(또는 날개가 없거나 한 쌍으로 변형된 곤충도 있다)가 있다.

차례

1부

날개가 없는 무리,
무시아강

돌좀목, 좀목

무시아강에 속하는 곤충은 날개가 없습니다. 애벌레와 성충의 차이가 거의
없는 원시적인 무리이지요.

납작돌좀 돌좀목 돌좀과에 속한다.

납작돌좀 몸길이 10~15mm. 몸은 황갈색을 띠며 얼룩무늬
가 복잡하게 흩어져 있다. 군복을 입은 느낌이다.

납작돌좀

▤ 이끼 낀 바위나 축축한 낙엽 등에서 쉽게 만날 수 있다.

▤ 몸 전체에 비늘이 덮여 있으며, 얼굴에 커다란 겹눈이 안대를 낀 것처럼 보인다.

▤ 번데기 시기가 없으며 성충이 되어도 허물을 벗는다. 더듬이와 꼬리털이 무척 길다.

▤ 이끼나 썩은 과일 등을 먹는 잡식성이다.

▤ 더듬이가 몸길이보다 길며 배 끝에 꼬리털이 세 개 있다.

▤ 배부분의 각 마디에 부속지가 한 쌍씩 있다. 성충은 1년 이상 사는 것으로 알려졌다.

좀

- ■■ 좀목 좀과에 속한다. 몸길이 11~13mm. 마을 주변의 습기가 있는 따뜻한 곳에 산다. 성충이 되기 전에 약 60번 허물을 벗지만 탈바꿈은 하지 않아 애벌레와 성충의 모습이 크게 다르지 않다.

- ■■ 몸은 연한 노란색이며 등 쪽은 약한 광택이 나는 은회색이고 아랫면은 은백색이다. 이 때문에 영어권에서는 Silver fish라고 한다. 겹눈은 작고 떨어져 있으며 홑눈은 없다. 종이, 풀 등 탄수화물과 옷감 등 식물성 섬유를 주로 먹지만 좀약을 너무 많이 쳐서인지 최근엔 많이 사라져 관찰하기가 힘들다.

2부

날개가 있는 무리,
유시아강

01
잠자리목

퉁방울 같은 커다란 두 눈과 튼튼한 날개 그리고 가시털이 돋아난 다리.

나마리, 짱아, 철갱이, 잰잴나비라고도 불렸으며, 비가 오는 데도 개의치 않고 하늘을 날아다닌다고 해서 '천둥벌거숭이'라는 재미있는 이름으로 불리던 곤충.

영어권에서는 dragonfly나 모기 잡는 매란 뜻의 mosquito hawk(약 200마리의 모기를 사냥한다고 함)라고 부르기도 했던 곤충은 무엇일까요?

바로 잠자리입니다!

곤충학에서는 이빨이 튼튼한 곤충이라는 뜻으로 Odonata라고 합니다.

이 녀석은 참 재미있게 생겼습니다. 하지만 애벌레나 성충 모두 무서운 사냥꾼이지요.

잠자리 하면 커다란 두 눈이 먼저 생각날 겁니다. 겹눈이라고 하는데 작은 낱눈들이 모여서 이루어진 눈입니다. 잠자리마다 다르지만 보통 1000~2만 8천 개의 낱눈으로 되어 있다고 합니다. 겹눈은 사물의 형태나 크기 등을 봅

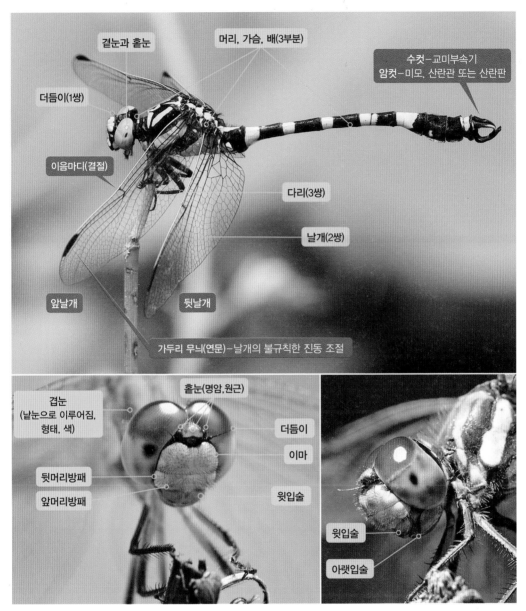

겉눈과 홑눈

머리, 가슴, 배(3부분)

수컷-교미부속기
암컷-미모, 산란관 또는 산란판

더듬이(1쌍)

이음마디(결절)

다리(3쌍)

날개(2쌍)

앞날개

뒷날개

가두리 무늬(연문)-날개의 불규칙한 진동 조절

겹눈
(낱눈으로 이루어짐,
형태, 색)

홑눈(명암,원근)

더듬이

이마

뒷머리방패

앞머리방패

윗입술

윗입술

아랫입술

잠자리의 몸 명칭

사냥 중인 방울실잠자리   사냥 중인 아시아실잠자리   사냥 중인 참실잠자리

니다. 그리고 커다란 겹눈 사이에 작은 점 같은 홑눈 3개가 있는데 명암과 원근을 본다고 알려졌습니다. 커다란 겹눈이 머리 전체를 감싸듯이 있고 목도 자유롭게 움직일 수 있어 잠자리는 사방을 볼 수 있습니다. 우리와 비교하면 엄청난 능력이지요.

하지만 단점도 있는데 움직이지 않는 사물에 대해서는 인식하지 못한다고 합니다. 그래서 거미나 사마귀처럼 움직이지 않고 기다리는 사냥꾼에게 종종 잡아먹히기도 합니다. 또한 가끔 잠자리가 자동차 보닛 위에 알을 낳으려고 배 끝을 통통 치며 나는 것을 볼 수 있는데 이런 현상도 움직이지 않는 사물을 제대로 인식하지 못하는 잠자리의 눈 때문이라고 합니다.

막강한 사냥꾼인 잠자리이지만 당연히 자연계에는 천적이 있습니다. 대표적으로 거미를 들 수 있습니다. 거미줄에 걸린 잠자리를 많이 보았을 겁니다. 또 소리 없이 침입해 잠자리를 죽이는 백강균이라는 균도 있습니다. 이 균에 감염되면 잠자리가 미라처럼 변하는데 시간이 지나면 잠자리 몸에서 하얀색 균이 자라 몸 밖으로 나옵니다.

새가 하늘을 날기 훨씬 전부터 하늘을 지배했던 생명체는 잠자리입니다. 지금으로부터 약 3억 5천만 년 전, 원시 지구의 하늘엔 잠자리만이 있었지요.

쇠측범잠자리 수채

먹닷거미

잠자리 천적
■ 먹닷거미가 날개돋이를 준비 중인 쇠측범잠자리의 수채(애벌레)를 먹고 있다.
■ 긴호랑거미가 고추잠자리를 잡아 거미줄로 동여매고 있다.
■ 긴호랑거미의 그물에 걸린 밀잠자리
■ 살깃깡충거미가 날개돋이를 막 끝낸 잠자리를 잡았다.

■▪ 백강균에 감염된 잠자리
▪■▪ 백강균에 감염된 잠자리는 나뭇가지에 붙어 미라처럼 변한다.
■▪■ 백강균이 배마디마다 나오고 있다.
▪■▪ 백강균 날개만 빼고 백강균이 온몸을 덮고 있다. 날개는 곧 떨어질 것이다.

그로부터 1억 년에 지나야 비로소 새가 나타나 하늘을 날기 시작합니다. 물
론 그때 살았던 잠자리가 지금 우리가 보는 잠자리의 직접적인 조상이라고는
말할 수 없지만, 크기를 빼곤 비슷한 모습이었던 건 사실입니다. 이 때문에
잠자리를 살아 있는 화석이라고 하지요.

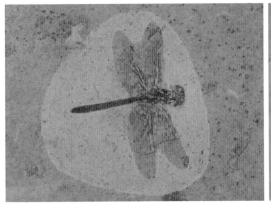

잠자리 화석

잠자리 흔적 계곡 주변에 자전거 도로를 만들면서
생긴 흔적. 현대판 화석이다.

잠자리는 곤충 분류학에서 고시류에 속합니다. 옛날 형태의 날개, 즉 날개를 겹쳐 접을 수 없는 곤충이라는 뜻입니다. 우리나라 곤충 중에선 하루살이와 잠자리만이 고시류에 속하는데 이 둘은 날개뿐만 아니라 한살이에서도 여느 곤충들과는 다른 특징을 보입니다. 보통 곤충들은 알–애벌레–번데기(있기도 하고 없기도 하다)–성충의 단계를 거치지만, 하루살이는 알–애벌레–아성충–성충의 단계를 거치고, 잠자리는 알–애벌레–미성숙–성숙의 단계를 거칩니다. 다시 말해 잠자리는 미성숙 단계와 성숙 단계가 전혀 다른 곤충처럼 보이기도 합니다.

둘의 차이는 색입니다. 미성숙 시기에서 성숙 시기로 넘어가면 색이 바뀌는데 이를 보통 혼인색이라고 합니다. 짝짓기를 할 수 있는 표시가 되지요. 다른 곤충들은 번데기(없는 경우는 종령 애벌레) 시기를 지나 날개돋이(우화)를 해 성충이 되면 짝짓기를 할 수 있지만 잠자리는 바로 짝짓기를 하지 못하고 미성숙에서 성숙 단계를 거쳐야 짝짓기를 할 수 있습니다.

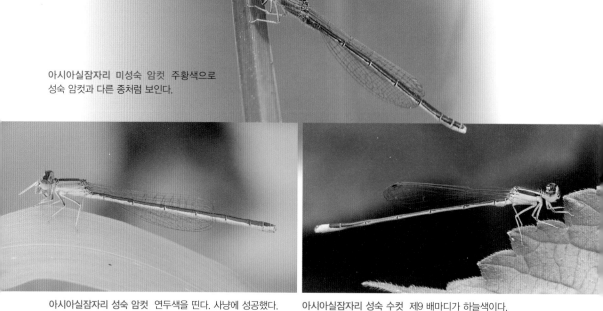

아시아실잠자리 미성숙 암컷 주황색으로 성숙 암컷과 다른 종처럼 보인다.

아시아실잠자리 성숙 암컷 연두색을 띤다. 사냥에 성공했다.

아시아실잠자리 성숙 수컷 제9 배마디가 하늘색이다.

연분홍실잠자리 암컷 연한 주황빛을 띤다.

연분홍실잠자리 수컷 붉은색을 띤다.

두점박이좀잠자리 미성숙 수컷 가슴과 배는 황갈색이며 검은색 무늬가 있다.

두점박이좀잠자리 성숙 수컷 가슴은 적갈색, 배는 붉은색으로 변한다.

여기에서 재미있는 사실은 실잠자리(실잠자리아목)는 암컷이 색이 바뀌고 잠자리(잠자리아목)는 수컷이 색이 바뀝니다.

잠자리는 비행술이 뛰어난 곤충입니다. 비밀은 튼튼한 4장의 날개와 가슴근육에 있습니다. 날개마다 가슴근육이 6개씩 있는데 이 근육을 오므리면 날개가 올라가고 늘리면 날개가 내려갑니다. 가슴근육을 1초에 20~30번씩 오므리고 늘리며 힘차게 나는데 정지비행은 물론, 방향 전환도 마음껏 할 수 있습니다. 실잠자리 같은 경우는 후진 비행도 할 수 있다고 알려졌습니다. 정지비행을 할 때는 4장의 날개 중 뒷날개 2장을 뒤로 젓는다고 합니다.

종마다 다르기는 하지만 실잠자리 무리는 30~40킬로미터, 왕잠자리 무리는 최고 100킬로미터까지 날 수 있다고 합니다. 배추흰나비가 시속 10킬로미터, 꿀벌이 시속 20킬로미터로 난다고 하니, 잠자리가 얼마나 빠른지 알 수

가슴근육을 오므리면 날개가 올라가고 늘리면 날개가 내려간다.

가슴근육은 날개 4장에 각각 6개씩 붙어 있다.

가슴근육을 1초에 20~30번씩 오므리고 늘리기를 반복하며 난다.

가슴근육이 튼튼하다.

정지비행과 방향 전환을 마음대로 할 수 있다.

정지비행 시 뒷날개를 뒤로 젓는다.

비행술이 뛰어나다.

잠자리 날개와 가슴근육

잠자리는 날개에 이슬이 맺히면 날 수 없다.

이슬 맺힌 잠자리 날개

있습니다.

하지만 날개에 이슬이 맺히거나 부러지면 날 수 없습니다. 새벽에 이슬을 잔뜩 머금고 있는 잠자리에게 다가가면 평소와 다르게 날아서 도망가지 못하는 이유입니다.

우리나라에는 100종이 넘는 잠자리가 산다고 알려졌는데, 날개 모양에 따라 크게 세 무리로 분류합니다. 앞뒤 날개(시翅)의 모양이 같은(균均) 잠자리를 실잠자리아목(균시아목)이라고 하고, 앞뒤 날개의 모양이 다른 잠자리를 잠자

● 잠자리목

실잠자리아목 (균시아목)	앞뒤 날개의 모양이 같다.	물잠자리과, 실잠자리과, 방울실잠자리과, 청실잠자리과
옛잠자리아목 (원균시아목)	앞뒤 날개의 모양이 실잠자리아목과 잠자리아목의 중간 형태	우리나라에는 없음(히말라야, 일본에 서식)
잠자리아목 (불균시아목)	앞뒤 날개의 모양이 다르다.	왕잠자리과, 장수잠자리과, 측범잠자리과, 북방잠자리과, 잠자리과

실잠자리아목 가는실잠자리 앞뒤 날개의 모양이 같다.

잠자리아목 날개띠좀잠자리 앞뒤 날개의 모양이 다르다.

리아목(불균시아목)이라고 합니다.

우리나라에 사는 잠자리는 알－애벌레－미성숙－성숙의 단계를 거치며 자라는데 이 과정이 1년 안에 끝나기도 하고, 여러 해에 걸치기도 합니다. 알로 보내는 시간과 애벌레로 보내는 시간이 각각 다르기 때문입니다.

잠자리는 알로 겨울을 나거나 애벌레 상태로 겨울을 나기도 합니다. 독특하게도 몇 종은 성충으로 겨울을 나는데 우리나라에는 묵은실잠자리, 가는실잠자리, 작은실잠자리가 이에 해당합니다.

한살이 기간이 가장 짧은 잠자리는 된장잠자리입니다. 이른 봄에 남쪽에서 바다를 건너 우리나라로 날아오는데(우리나라 잠자리가 아니며, 비래종飛來種이라고 함) 알에서 성충이 될 때까지의 기간이 35일로 가장 짧다고 알려졌습니다. 우리나라에 사는 잠자리는 알이나 애벌레, 성충 가운데 한 형태로 겨울을 보내지만, 된장잠자리는 날씨 때문에 우리나라에서는 어떤 형태로든지 겨울을 나지 못한다고 합니다. 하지만 지금처럼 기후변화가 진행된다면 우리나라에서 월동할 가능성이 크겠지요?

● 잠자리가 알로 보내는 기간

이름	기간	겨울을 지내는 형태
된장잠자리	5~7일	겨울을 나지 못함
아시아실잠자리	6~8일	애벌레
밀잠자리	7~9일	애벌레
대모잠자리	12~14일	애벌레
왕잠자리	12~14일	애벌레
장수잠자리	34~36일	애벌레
고추좀잠자리	약 127일	알
개미허리왕잠자리	약 226일	알
청실잠자리류	약 230일	알

● 한살이(알-애벌레-번데기) 기간

1년 1세대 一年一世代	1년에 1번 한살이가 진행	대부분의 잠자리
1년 2세대 一年二世代	1년에 2번 한살이가 진행	아시아실잠자리, 등검은실잠자리
다년 1세대 多年一世代	여러 해에 걸쳐 한살이가 진행	장수잠자리
2년 1세대 二年一世代	2년에 1번 한살이가 진행	별박이왕잠자리속, 개미허리왕잠자리속
1년 수세대 一年數世代	1년에 여러 차례 한살이가 진행 (알에서 성충까지 35일)	된장잠자리(비래종飛來種)

● 애벌레 기간

이름	애벌레 기간	이름	애벌레 기간
왕잠자리	10개월	측범잠자리	20개월
장수잠자리	3년 이상	밀잠자리	10개월
어리장수잠자리	20개월	고추좀잠자리	알로 월동 또는 4개월
넉점박이잠자리	10개월	깃동잠자리	알로 월동 또는 4개월
물잠자리	20개월	아시아실잠자리	월동형 10개월, 가을형 3개월

* 알로 보내는 시간, 한살이 기간, 애벌레 시간은 『한국의 잠자리 생태도감』, 정광수 저, 일공육사, 2007에서 인용

잠자리는 대표적인 수서곤충입니다. 애벌레 시기를 물속에서 보내다가 성충이 되면 물 밖으로 나와 푸른 하늘을 날며 생활하는 곤충이지요. 한살이 전체를 물에서 보내는 물방개나 장구애비 같은 진수서곤충과 구별해 반수서곤충이라고도 합니다. 이는 한살이 단계 가운데 어떤 특정 시기만 물속에서 보낸다는 의미입니다. 이렇게 말하면 당연히 알 – 애벌레 시기는 물속에서 보내고 성충이 되면 육상 생활을 한다고 생각합니다. 맞는 말이지만 예외도 있습니다.

잠자리 중에 어떤 종은 물가의 식물 줄기에 알을 낳기도 합니다. 우리나라에는 청실잠자리과에 속한 실잠자리 무리가 이런 생태를 보인다고 알려졌습니다. 이들은 짝짓기 후 암수가 연결된 상태로 암컷이 물가 주변 풀줄기에 알을 낳으면 알은 이 상태로 겨울을 나고, 이듬해에 깨어난다고 합니다.

알에서 깨어난 상태를 보통 전前 유생단계라고 하는데 어린 새우처럼 생겼습니다. 이들은 스스로 움직여 물가를 찾아가고, 물을 만나 비로소 허물을 벗은 뒤 여느 잠자리 애벌레처럼 물속 생활을 시작한다고 합니다. 이렇게 물속에서 몇 차례 허물을 벗은 후에 드디어 꿈에 그리던 푸른 하늘을 날게 됩니다. 하지만 이 꿈을 이루려면 날개돋이

가는실잠자리(청실잠자리과) 암컷은 물가 식물이나 수생 식물 조직 안에 알을 낳는다. 암수가 연결된 상태로 알을 낳는 모습이다.

거꾸로 매달린 채(도수형)로 날개돋이를 하는 넉점박이잠자리　　직립형 날개돋이를 하는 가시측범잠자리

(우화)라는 절체절명의 순간을 잘 이겨내야 합니다.

　날개돋이는 매우 중요한 일입니다. 그리고 아주 위험한 순간이기도 하기에 천적의 눈을 피해 주로 새벽이나 밤에 이루어집니다. 날개돋이 자세에 따라 걸리는 시간이 다른데 보통 거꾸로 매달려 우화하는 도수형이 딛고 우화하는 직립형보다 시간이 더 많이 걸린다고 알려졌습니다. 도수형은 2~4시간, 직립형은 40분~1시간 30분 정도 걸린다고 합니다.

　이들의 자세는 휴지기라는 시기의 자세에 따라 결정됩니다. 휴지기는 우화 도중 다리에 힘이 생길 동안 잠시 기다리는 시기입니다. 다리에 힘이 생겨야 배를 뺄 때 식물의 줄기 등 뭔가를 잡을 수 있기 때문입니다. 이 시기의 자세가 도수형이면 도수형 우화, 직립형이면 직립형 우화라고 합니다. 이 자세는 과의 특징을 나타내기도 합니다. 왕잠자리과, 장수잠자리과, 청동잠자리과, 잠자리과가 도수형이고, 실잠자리나 측범잠자리과가 직립형으로 날개돋이를 합니다.

　보통 날개돋이는 8단계의 과정을 거친다고 알려졌습니다.

호흡 적응기 아가미 호흡에서 기문(숨구멍)호흡으로 변하는 적응시간

정위(자리 잡기) 자리를 잡기 전에 이리저리 돌아다니며 신중하게 위치를 고른다.

파열(등이 갈라짐) 머리와 가슴이 보이기 시작한다.

탈출 허물에서 머리와 등이 빠져나온다.

배 늘이기 배를 곧게 펴기 시작한다.

날개 늘이기 접혀 있던 날개를 서서히 편다.

배 빼기 몸을 일으켜 세우고 발로 허물을 잡으면서 배를 빼낸다.

휴지기 배 끝만 빼고 몸이 나왔다. 몸을 일으켜 세우고 다리에 힘이 생길 때까지 기다린다.

날개 펴기 날개돋이를 끝내고 날개를 펴서 말리기 시작한다.

날개 말리기 몸과 날개가 다 마르면 성충 본래의 색깔이 나타난다.

잠자리의 짝짓기 모습은 여느 곤충과 다릅니다. 보통 하트 모양으로 연결되어 있습니다. 왜 그런 자세가 나올까요?

비밀은 수컷들의 정자 전쟁과 관련이 있습니다. 정자 전쟁이란 수컷들이 자신의 2세를 남기기 위해 벌이는 일종의 경쟁으로 모든 곤충이 치열합니다만 잠자리가 특히 치열하다고 알려졌습니다. 결론부터 말하면 마지막 짝짓기한 수컷이 아버지가 될 확률이 높습니다.

잠자리의 정자는 정충 형태가 아닌 젤리 형태의 덩어리인 정책으로 되어 있습니다. 그렇기 때문에 다른 수컷이 먼저 짝짓기한 수컷의 정자를 빼내고 자신의 정자를 집어넣을 수 있습니다.

짝짓기에 성공해도 자신의 2세를 확실히 남기려면 다른 수컷이 다시 짝짓기를 하지 못하게 해야 합니다. 암컷이 자신의 2세를 낳는지 직접 확인해야 안심할 수 있지요. 그래서 수컷들은 암컷이 알을 낳을 때 옆에서 산란 경호 비행을 하거나 연결 산란 방법을 씁니다(종에 따라 암컷이 단독 산란, 수컷이 경호 비행, 암수 연결 산란 등을 합니다).

아시아실잠자리를 예로 들어 짝짓기 자세를 설명해볼까? 수컷은 9번째 배마디에 정소가 있고 2~3번째 배마디에 부성기가 있습니다. 수컷은 짝짓기 시기가 되면 배 끝에 집게처럼 생긴 부속지(교미부속기)로 암컷의 앞가슴을 잡아 짝짓기를 시도합니다. 암컷을 교미부속기로 움켜잡은 수컷은 자신의 배를 끌어당겨 정소에 있는 정자를 부성기로 옮깁니다. 이를 이정행위移精行爲라고 합니다.

종에 따라 암컷을 잡기 전에 미리 이정행위를 하는 수컷도 있습니다. 그 과정이 끝나면 암컷은 자신의 배 끝에 있는 생식기를 수컷의 부성기에 갖다 대어 짝짓기가 이루어집니다. 이런 자세에서 자연스럽게 하트 모양이 연출됩

아시아실잠자리 짝짓기 위의 개체가 수컷이다.

가는실잠자리 짝짓기 위의 개체가 수컷이다.

니다. 보통 실잠자리(실잠자리과) 수컷은 암컷의 앞가슴을 잡고, 잠자리(잠자리과) 수컷은 암컷의 머리 뒤쪽에 있는 홈에 자신의 교미부속기를 끼웁니다.

잠자리의 애벌레를 '수채水蠆'라고 합니다. 채蠆는 '전갈 채' 자로 육식성인 잠자리 애벌레의 특징을 잘 설명합니다. 성충과 마찬가지로 잠자리 애벌레도 물속 사냥꾼으로 명성이 자자합니다. 사냥할 때는 포획 가면이라고도 하는 아랫입

큰밀잠자리 짝짓기 위의 개체가 수컷이다.

먹줄왕잠자리 단독 산란

아시아실잠자리 단독 산란

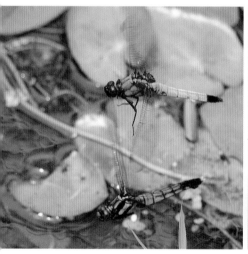

큰밀잠자리 산란 경호 비행 큰밀잠자리 수컷은
암컷이 알을 낳을 동안 산란 경호 비행을 한다.
암컷은 물을 치듯 알을 낳는 타수 산란한다.

등검은실잠자리 연결 산란

술이 늘어나 조금 떨어져 있는 먹잇감도 쉽게 낚아챕니다. 무시무시한 사냥
도구인 셈입니다.

애벌레의 모습은 과마다 조금씩 다르게 생겼으며 숨 쉬는 방법도 다릅니

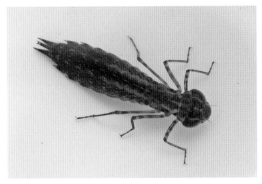

왕잠자리 애벌레 직장아가미로 호흡한다.

쇠측범잠자리 애벌레 직장아가미로 호흡한다.

고추잠자리 애벌레 직장아가미로 호흡한다.

아시아실잠자리 애벌레 꼬리아가미로 호흡한다.

다. 물속에 녹아 있는 산소를 빨아들이려면 아가미가 있어야 하지요. 수서곤
충들은 물고기 아가미와는 다른 기관아가미가 있습니다.

　　실잠자리아목 애벌레는 꼬리아가미를 이용하고, 잠자리아목 애벌레는 직
장아가미를 이용합니다. 직장아가미는 숨 쉬는 것뿐만 아니라 신속하게 이동
할 때에도 사용합니다. 직장아가미로 물을 빨아들인 후 물속에 녹아 있는 용
존산소는 아가미를 통해 몸속으로 전달하고, 나머지 물은 몸속에 있는 이산
화탄소와 함께 배출됩니다. 빨아들인 물을 직장아가미로 다시 내뿜을 때 마
치 로켓처럼 추진력이 생겨 이를 이용해 빨리 이동할 수 있습니다.

고추잠자리 더위를 피하기 위해 물구나무를 서고 있는 수컷

나비잠자리 수컷이 연잎 위에서 물구나무를 서고 있다. 암컷에게 자신을 알리고 더위도 피하기 위한 자세다.

깃동잠자리 계곡 주변 바위 위에서 물구나무를 서고 있다.

무더운 여름, 잠자리를 관찰하다 보면 가끔 물구나무를 서는 잠자리도 만나게 됩니다. 발레리나 잠자리라는 별명으로 불리기도 하는데 주로 수컷들입니다. 왜 이렇게 물구나무를 서는 걸까요? 더위를 피하기 위해서입니다.

아무리 날씨가 더워도 암컷에게 자신을 알리려면 눈에 잘 띄는 곳에 앉아 있어야 하겠지요. 더운 날, 보통 때처럼 앉아 있으면 태양 빛을 직접 받는 몸의 면적이 넓어지니 더 더워집니다. 그래서 암컷에게 자신을 드러내려는 본래의 목적과 더불어 더위를 피하기 위해 물구나무 자세를 취합니다. 조금이라도 더위를 피하기 위한 수컷들의 노력이 애잔하게 느껴집니다.

실잠자리아목

앞뒤 날개의 모양이 비슷한 실잠자리아목(균시아목)은 보통 다음과 같은 특징이 있습니다.

1. 겹눈은 작고 서로 멀리 떨어져 있다.
2. 몸이 가늘고 길다.
3. 앞날개와 뒷날개의 형태가 비슷하다.
4. 애벌레 때 배 끝에 꼬리아가미가 3개 있다.
5. 물잠자리과, 실잠자리과, 청실잠자리과, 방울실잠자리과가 있다.
6. 날개를 접어 세우거나 겨드랑이에 붙일 수 있지만 겹쳐 포갤 수는 없다.
7. 배 끝에 수컷은 교미부속기가 2쌍 있고 암컷은 미모가 1쌍 있다.
8. 암컷은 제8 배마디 아래에 산란관이 있으며 식물 조직 안에 알을 낳는다. 잠자리아목에서는 왕잠자리만 이런 방식으로 알을 낳는다.
9. 짝짓기 후 연결 산란으로 알을 낳는다(아시아실잠자리는 암컷 단독 산란).

결절

연문

미모

산란관

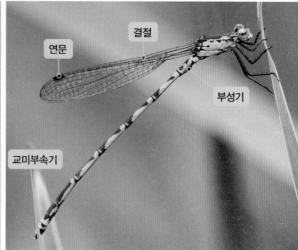

연문

결절

부성기

교미부속기

아시아실잠자리 암컷(월동체)

가는실잠자리 수컷

10. 알로 월동하지 않는 종은 30일 전후, 알로 월동하는 종은 230일 전후에 부화한다. 부화 후 10회 내외로 탈피한 후 날개돋이를 한다. 풀 줄기에 매달려 날개돋이하는 도수형 우화다.

11. 가는실잠자리, 묵은실잠자리, 작은실잠자리는 성충으로 월동한다.

● 물잠자리과

우리 주변에서 대체로 쉽게 관찰되는 물잠자리과는 물잠자리와 검은물잠자리입니다. 둘은 비슷하게 생겼지만 자세히 살펴보면 조금 다릅니다. 사는 곳도 다르지요. 물잠자리는 비교적 깨끗한 계곡 주변에서 살고, 검은물잠자리는 2급수 정도의 마을 하천에 많이 보입니다. 둘 다 검은 날개를 펴고 날아다니는 것이 마치 저승사자처럼 보였는지 귀신잠자리라는 별명도 있지만, 실제로 보면 아주 아름다운 잠자리입니다. 특히 햇빛에 반짝이는 수컷의 모습은 환상적입니다.

물잠자리와 검은물잠자리 애벌레는 더듬이 제2마디와 제3마디의 길이가 거의 같으면 검은물잠자리, 제2마디의 길이가 제3마디와 제4마디의 길이를 합한 길이와 비슷하면 물잠자리로 구별한다.

옆가시와 등가시는 없다.

3개의 기관아가미는 길고 끝이 검은물잠자리에 비해 둥근 편이다.

가운데 기관아가미가 다른 기관아가미보다 짧다.

전체 길이 50mm 내외이며 20개월의 유충기를 보낸다.

각 다리에 짙은 갈색 고리 무늬가 나타난다

몸에 비해 머리는 작은 편이며 둥그스름한 오각형 모양이다.

더듬이는 7마디이며 제2마디는 제3~4마디를 합친 길이와 거의 비슷하다.

물잠자리 애벌레사진

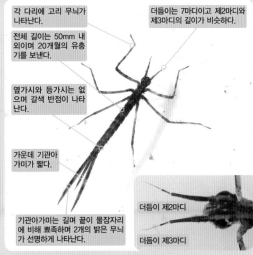

각 다리에 고리 무늬가 나타난다.

전체 길이는 50mm 내외이며 20개월의 유충기를 보낸다.

옆가시와 등가시는 없으며 갈색 반점이 나타난다.

가운데 기관아가미가 짧다.

더듬이는 7마디이고 제2마디와 제3마디의 길이가 비슷하다.

더듬이 제2마디

더듬이 제3마디

기관아가미는 길며 끝이 물잠자리에 비해 뾰족하며 2개의 밝은 무늬가 선명하게 나타난다.

검은물잠자리 애벌레사진

물잠자리 수컷 검은물잠자리보다 날개가 둥그스름하다. 배에 금속광택이 있다.

검은물잠자리 수컷 물잠자리 날개보다 긴 타원형이며 배에 금속광택이 있다.

물잠자리 암컷 날개 끝에 하얀색 연문이 있다.

검은물잠자리 암컷 연문이 없으며 배는 흑갈색이다.

물잠자리 애벌레들 더듬이 제2,3,4마디의 길이를 봐야 하기 때문에 이 상태로는 물잠자리와 검은물잠자리를 구별하기 어렵다.

　　물잠자리와 검은물잠자리 수컷은 모두 몸이 청동색으로 반짝여서 구별하기 어렵지만, 날개 모양이 조금 달라 세심히 관찰하면 구별할 수 있습니다. 날개에 하얀색 가두리 무늬(연문緣紋)가 있으면 물잠자리 암컷, 없으면 검은물잠자리 암컷입니다. 애벌레는 더듬이 아래쪽만 다르고 나머지는 비슷하게 생겨 구별하기가 만만치 않습니다.

● 실잠자리과

우리 주변에서 조금만 주의를 기울이면 쉽게 관찰할 수 있는 실잠자리가 많습니다. 특히 연못이나 저수지 같은 습지에서 자주 관찰되죠. 노란색이 매력적인 노란실잠자리, 선명한 파란색 줄무늬가 아름다운 참실잠자리, 그리고 작은등줄실잠자리, 등검은실잠자리 등 많은 종이 우리 주변에서 삽니다.

북방아시아실잠자리 대체로 동그란 모양의 안후문이 있다.

참실잠자리 안경 무늬의 안후문이 있다.

황등색실잠자리 V 자 모양의 안후문이 있다.

    아시아실잠자리처럼 자주 보이는 녀석도 있고 황등색실잠자리처럼 아주 짧은 시기에만 보이다가 사라지는 종도 있습니다. 실제로 황등색실잠자리는 6월 중순부터 보이기 시작하는데 2~3주 안에 짝짓기와 산란을 하고 사라져, 성충 기간이 아주 짧다고 알려졌습니다.

    실잠자리는 자세히 보면 눈 뒤에 독특한 무늬가 있는 녀석들이 많습니다. 동그란 무늬나 V 자 무늬 그리고 파란색 선글라스 같은 무늬가 있는 종도 있습니다. 이러한 무늬를 눈 뒤에 있는 무늬라 해서 안후문眼後紋이라고 하는데 종마다 다르게 나타납니다.

하나잠자리 암컷 이전에 주로 제주도를 포함해 남부지방에서
살았지만 현재는 포천까지 북방한계선이 올라가고 있다. 기후
변화와 관련해서 주목받는 잠자리다.

하나잠자리 수컷 1985년 이명철이 제주도에서 채집하여 국내 최
초로 발표된 잠자리다. 배 아랫면 두 번째 마디에 부성기가 살짝
보인다.

　　곤충은 기후와 아주 밀접한 관련이 있습니다. 온도에 따라 사는 곳이 한정
되기도 하지요. 요즘 빠르게 진행되고 있는 기후변화로 잠자리가 사는 곳도
변하고 있습니다. 남쪽에 살던 녀석이 중부지방으로 올라오고, 중부지방에
살던 녀석은 점점 더 북쪽으로 이동하기도 합니다. 이를 집중적으로 조사하
기 위해 환경부에서는 국가 기후변화 생물지표 100종을 선정해 지속적으로
관찰하고 있습니다. 이 가운데 남색이마잠자리, 연분홍실잠자리, 하나잠자리
가 포함되어 있습니다.

　　연분홍실잠자리는 전라남도, 경상남도 등 남부지방 습지에 주로 사는 남
방계열의 잠자리로, 최근에는 서울·경기권에도 산란 장면이 목격되어 기후
변화와 관련해 주목받고 있습니다. 또한 아열대 지역의 대표적인 잠자리인
하나잠자리도 포천까지 서식지가 확대되었음이 확인되어 기후변화가 빠르게
진행되고 있다는 증거가 되기도 합니다.

연분홍실잠자리 수컷 암컷과 달리 전체적으로
주황색을 띤다. 두 번째 배마디 아래에 부성기
가 선명하게 보인다. 암컷은 부성기가 없다.

연분홍실잠자리 암컷 전체적으로 연두색을 띤다.

막 날개돋이를 마친
연분홍실잠자리
아래에 탈피 허물이
보인다.

연분홍실잠자리 짝짓기
수컷이 배 끝에 있는 교미부속
기로 암컷의 앞가슴을 잡은 상
태에서 암컷이 서서히 배를 들
어 올려 수컷의 부성기(제2~3
배마디)에 자신의 생식기를 갖
다대면 짝짓기가 이루어진다.
수컷은 이미 자신의 정소(제9 배
마디)에서 부성기로 정자를 옮
겨 놓은 상태.

연분홍실잠자리 암수가 연결된
상태로 암컷이 물속 식물의 줄
기에 알을 낳는다.

아시아실잠자리 수컷 제9 배마디 전체가 청색(화살표 부분)인
것이 푸른아시아실잠자리, 북방아시아실잠자리와 다른 점이다.
자주 보여 더 아름다운 잠자리다.

아시아실잠자리 수컷 겹눈 뒤의 안후문이 북방아시아실잠자리나
푸른아시아실잠자리보다 작다.

아시아실잠자리 미성숙 암컷 가슴과 배 아랫면이 선명한 주황
색이다. 색깔 때문인지 눈에 잘 띈다.

아시아실잠자리 성숙 암컷 몸이 연두색으로 바뀐다. 알을 낳아야
하기 때문에 풀잎과 비슷한 보호색을 띤다.

더듬이는 7마디이다.

머리는 둥그스름한
오각형이며 이마가
돌출되었다.

몸길이는 20mm 내외이며
월동형은 10개월, 가을형은
3개월의 유충기를 보낸다.

배는 가늘고 길며 등에 작은
반점이 많이 나타난다.

기관아가미의 길이는 5mm 정도
이며 가는 실 모양의 무늬가 산재
해 있다. 전체적으로 가는 버드나
무 잎 모양이다.

등 가운데 밝은
황색 줄이 있다.

겹눈은 크고 둥글다.

옆가시와 등가시가
없다.

아시아실잠자리 애벌레 특징

아시아실잠자리 애벌레 꼬리아가미가 가느다란 버드나무 잎처럼 폭이 좁고 가늘다.

아시아실잠자리 애벌레 우리 주변에서 쉽게 볼 수 있는 실잠자리다.

아시아실잠자리 애벌레 환경과 허물 벗는 시기 등에 따라 색이 다양하다.

아시아실잠자리 애벌레 꼬리아가미를 살펴보면 모두 같은 종인 것을 알 수 있다.

아시아실잠자리와 등검은실잠자리 애벌레 위의 개체가 등검은실잠자리 애벌레다. 꼬리아가미의 모양이 다르다.

아시아실잠자리 애벌레들

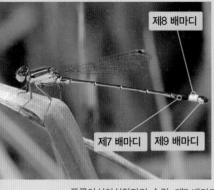

제8 배마디

제7 배마디   제9 배마디

■■■ 푸른아시아실잠자리 수컷 제7 배마디 아래에 청색이 없으며 제8 배마디 전체가 청색이다. 제9 배마디는 아래 일부가 청색
   이다.

■■■ 푸른아시아실자자리 애벌레 기관아가미 끝이 아시아실잠자리보다 가늘고 뾰족하다.

■■■ 푸른아시아실잠자리 애벌레

■■■ 북방아시아실잠자리 푸른아시아실잠자리와 비슷하게 생겼지만 배 끝에 있는 무늬가 다르다.

■■■ 북방아시아실잠자리 제8 배마디는 전체가 청색이며 제7,9 배마디는 배 아랫면 일부가 청색을 띤다.

■■■ 북방아시아실잠자리 5~9월에 주로 중·북부지방의 연못과 습지 등에서 보인다.

■■■ 북방아시아실잠자리 식물 조직 안에 암수 연결 산란을 한다.

■■■ 북방아시아실잠자리 겹눈 뒤의 안후문이 매우 크다.

■■■ 북방아시아실잠자리 동색형 암컷 암컷은 수컷과 색이 다른 이색형, 색이 같은 동색형 두 종류가 나타난다.

등줄실잠자리 암컷 안경 모양의 안후문이 매우 크다.

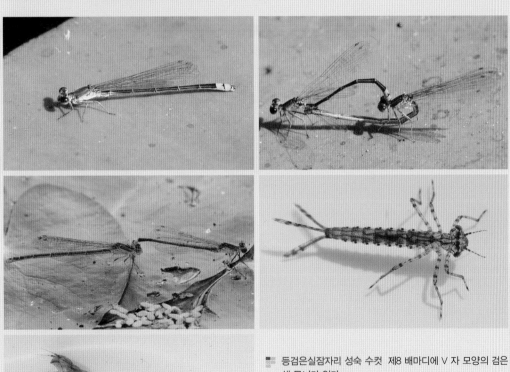

■ 등검은실잠자리 성숙 수컷 제8 배마디에 V 자 모양의 검은
색 무늬가 있다.
■ 등검은실잠자리 짝짓기 왼쪽이 수컷이다.
■ 등검은실잠자리 암수 오른쪽이 수컷이다. 암수가 연결 산
란한다.
■ 등검은실잠자리 애벌레 꼬리아가미에 독특한 무늬가 나타
난다.
■ 등검은실잠자리 애벌레 꼬리아가미의 무늬가 선명하게 보
인다.

노란실잠자리 성숙 수컷 배는 노란색이며 제7~10 배마디 윗
면에 검은색 무늬가 나타난다.

노란실잠자리 미성숙 수컷 색이 연한 노란색이다. 제2 배마디 아
랫면에 부성기가 있어 암컷과 구별된다.

노란실잠자리 암수 왼쪽이 수컷이다.

노란실잠자리 암수 연결 산란을 한다.

노란실잠자리 산란 위의 개체가 수컷이다.

몸길이는 20mm 내외이며
월동형은 10개월, 가을형은
3개월의 유충기를 보낸다.

각 다리에 연한 황색
고리 무늬가 나타난다.

겹눈은 반원형이며
돌출되었다.

더듬이는 7마디이다.

머리는 오각형이며
이마가 돌출되었다.

옆가시와 등가시가 없다.

등 가운데에 하얀색 줄무
늬가 나타난다.

홑눈 근처에 밝은 무늬가
나타난다.

노란실잠자리 애벌레 특징

노란실잠자리 애벌레 꼬리아가미가 매우 독특하게 생겼다.

노란실잠자리 애벌레

노란실잠자리 수컷 부성기가 선명하게 보인다.

노란실잠자리 암컷 수컷과 달리 가슴이 연두색이며 배에는 별다
른 무늬가 나타나지 않는다. 알을 낳아야 하기 때문에 보호색을
띤다.

황등색실잠자리 미성숙 암컷 노란색이며 며칠 이내에 녹색으로 성장한 후 2~3주 정도 기간에 짝짓기와 산란을 마치고 사라지는 짧은 성충 기간을 보내는 종이다.(6월에 많이 보임)

황등색실잠자리 미성숙 수컷 가슴의 줄무늬가 하늘색. 배가 연한 주황색으로 성숙 수컷과 구별된다. V 자 안후문도 연한 하늘색이다.

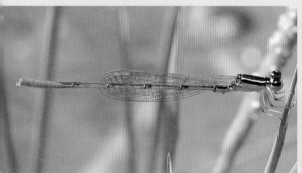

황등색실잠자리 성숙 수컷 배가 조금 주황빛인 황등색黃橙色이다. 가슴의 줄무늬도 선명해지며 V 자 안후문이 녹색으로 더 뚜렷해진다.

황등색실잠자리 암컷 수컷과 달리 푸른빛이 도는 연두색이다.

황등색실잠자리 미성숙 암수 위의 개체가 암컷이다.

안후문이 V 자 모양이다.

황등색실잠자리 짝짓기

■ 참실잠자리 수컷 안경 모양의 안후문이 뚜렷하며 제8,9 배마디가 청색이다. 색이 뚜렷해 눈에 '확' 띄는 실잠자리다.

■ 참실잠자리 미성숙 수컷 전체적으로 연한 보라색이 감돈다. 색은 다르지만 성숙한 수컷과 무늬가 같다.

■ 참실잠자리 성숙 암컷 안후문이 크며 제8~10 배마디의 윗면에 검은색 무늬가 있다. 배마디 무늬가 수컷과 다르다.

■ 참실잠자리 성숙 암컷 중·북부지방에 서식하며 5~9월에 보인다. 전체적으로 수컷보다는 검은빛이 강하며 무늬가 다르다.

■ 참실잠자리 암수 위에 있는 수컷이 교미부속기로 암컷의 앞가슴을 잡은 상태에서 짝짓기를 한다.

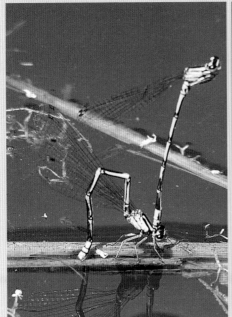

참실잠자리 산란　암수 연결 산란을 하며 암컷은 물속
의 식물 줄기에 알을 낳는다.

참실잠자리 산란　암수 세 쌍이 같은 식물 줄기에 산란하려고 한다.

참실잠자리 산란　여러 쌍이 같은 곳에 산란하려는 모습이다. 이곳이 산란의 최적지인지 아니면 다른 곳에 산란할 자리가 없어서
인지 궁금하다. 산란터가 계속 사라진다면 이런 모습이 더 많이 보일 것이다.

왕실잠자리 수컷 제8 배마디에 V 자형 검은색 무늬가 있어 비슷하게 생긴 다른 수컷들과 구별된다.

왕실잠자리 암컷 수컷과 달리 연두색이며 배마디 윗면의 줄무늬가 길다. 잎 위에 있으면 완벽한 보호색이다. 안후문은 안경 모양이다.

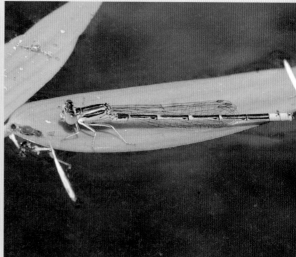

왕실잠자리 수컷 안경 모양의 안후문은 가운데가 끊어진 모양이다. 참실잠자리처럼 크진 않다.

왕실잠자리 제8 배마디 윗면의 V 자 무늬가 왕관처럼 보여서 '왕'이란 이름을 붙였다는 이야기도 있다.

● 청실잠자리과

우리나라에 사는 잠자리(잠자리아목)는 날개를 펴고 앉는 특징이 있습니다. 이와 달리 실잠자리(실잠자리아목)는 날개를 접고 앉지요. 그런데 실잠자리 무리 가운데 청실잠자리(청실잠자리과)에 속하는 녀석들은 날개를 펴고 앉습니다. 또한 이들 중에서 가는실잠자리와 묵은실잠자리는 성충으로 겨울을 난다고 알려졌습니다.(우리나라에는 청실잠자리과의 가는실잠자리, 묵은실잠자리 그리고 실잠자리과의 작은실잠자리 3종만 성충으로 월동합니다.) 생태가 독특한 무리입니다.

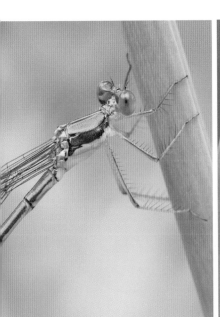 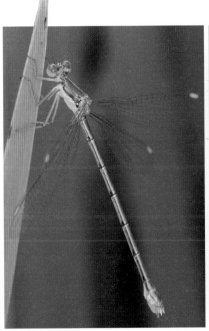 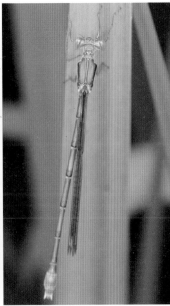

■■■ 큰청실잠자리 암컷 겹눈 사이와 가슴 등판이 광택이 나는 청동색이다.
■■■ 큰청실잠자리 암컷 배 윗면 전체가 광택이 나는 청동색이다. 날개를 펴고 앉는다.
■■■ 큰청실잠자리 미성숙 암컷 아직 청동색이 나타나지 않는다.

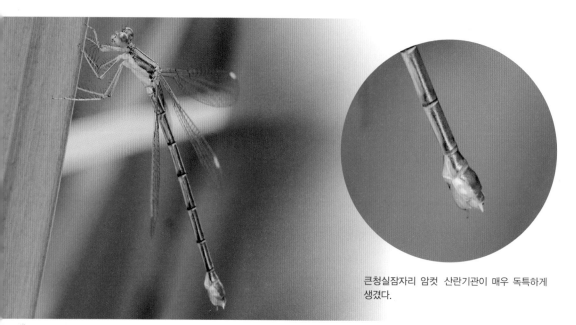

큰청실잠자리 암컷 산란기관이 매우 독특하게 생겼다.

큰청실잠자리 암컷 물가 주변의 나무껍질 속에 산란한다.

큰청실잠자리 수컷 제2 배마디 아래에 부성기가 선명하게 보인다.

큰청실잠자리 수컷 제10 배마디만 회색이라 좀청실잠자리 수컷과 구별된다.

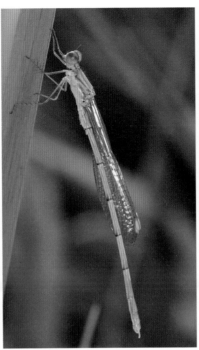

■■■ 큰청실잠자리 암수 짝짓기 후 암컷은 물가 주변의 나무껍질 속에 산란한다. 다른 청
　　 실잠자리들은 물풀에 산란한다.

■■ 큰청실잠자리 우화 직후 미성숙 수컷으로, 혈림프가 날개 구석구석까지 돌지 않아 아
　　 직 날개에 힘이 없다.

■■■ 큰청실잠자리 탈피 허물 등에 있는 실 같은 것은 애벌레 때 숨을 쉬었던 기관의 흔적
　　 이다.

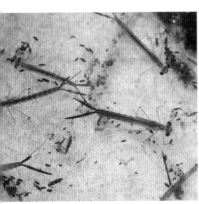

■■■ 큰청실잠자리 애벌레들

■■■ 큰청실잠자리 애벌레 꼬리아가미가 배 길이의 절반 정도이다.

■■■ 큰청실잠자리 애벌레 꼬리아가미 양쪽 가장자리를 따라 흑갈색 무늬가 3개 나타난다.

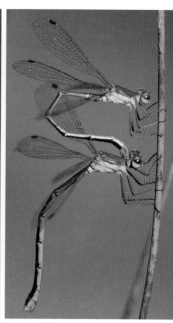

■■ 좀청실잠자리 수컷 큰청실잠자리가 전체적으로 초록빛이 강하고, 좀청실잠자리는 푸른빛이 강하다.
■■ 좀청실잠자리 수컷 제9,10 배마디가 회색인 것이 큰청실잠자리 수컷과 다른 점이다.
■■ 좀청실잠자리 암수 날개를 펴고 앉는다.
■■ 좀청실잠자리는 물가 식물 줄기에 알을 낳는다.

　　월동 개체는 갈색이지만 4월경에는 청색의 혼인색을 띱니다. 그리고 5월부터 짝짓기와 산란을 시작하는데 이때 낳은 알에서 깨어난 애벌레는 보통 2달 정도의 애벌레 시기를 거쳐 7월 말부터 날개돋이를 시작합니다. 그리고 가을이 되면 성숙한 개체가 되어 월동합니다.
　　무사히 겨울을 난 후 5월경에 암수가 짝짓기를 하여 물가의 식물 줄기에 연결 산란을 하거나 암컷 혼자 산란하기도 합니다.

가는실잠자리 암컷(월동체) 매우 독특한 자세로 쉬고 있다. 마치 나뭇가지를 머리에 이고 있는 듯한 모습이다.

가는실잠자리 수컷(월동체) 가슴 옆면 무늬가 점무늬라 줄무늬인 묵은실잠자리와 구별된다.

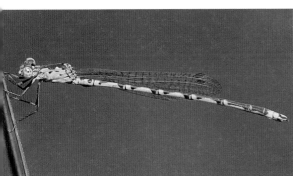

가는실잠자리 수컷 배 옆면에 점무늬가 있다. 아직 색깔이 완전한 푸른빛이 아닌 점으로 보아 미성숙 개체인 듯하다.

가는실잠자리 수컷 배 끝에 삐죽 나와 있는 것은 교미부속기로, 매우 길며 아래로 휘었다.

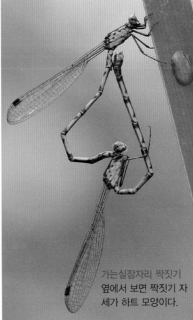

가는실잠자리 짝짓기 수컷은 배 끝에 있는 교미부속기로 암컷의 앞가슴을 잡는다. 이 상태로 짝짓기를 한다.

가는실잠자리 짝짓기 옆에서 보면 짝짓기 자세가 하트 모양이다.

가는실잠자리 암수 물가 식물 줄기에 알을 낳는다.

가는실잠자리 애벌레 꼬리아가미 가장자리에 작은 갈색 반점 3쌍이 나타난다.

가는실잠자리 애벌레 꼬리아가미에 있는 가운데 축이 굵으며 끝까지 이어져 있다.

묵은실잠자리 암컷 성충으로 겨울을 나기 때문에 '묵은'이라는 단어를 붙였다.

묵은실잠자리 암컷 월동체로 4월이 지나면 청색의 혼인색을 띤 개체를 볼 수 있다.

묵은실잠자리 암컷 나뭇가지나 마른 낙엽 위에 있으면 찾기 힘들 정도로 보호색을 띤다.

묵은실잠자리 수컷 가슴 옆면이 줄무늬라 점무늬인 가는실잠자리와 구별된다. 제2 배마디 아래에 부성기가 뚜렷하게 보인다.

묵은실잠자리 수컷 배 끝에 교미부속기가 길게 나와 있다. 이 부분으로 암컷의 앞가슴을 잡고 짝짓기를 한다.

● 방울실잠자리과

실잠자리아목 방울실잠자리과에 속하는 방울실잠자리는 수컷의 가운뎃다리와
뒷다리 종아리마디가 방울 모양이라 붙인 이름입니다. 수컷만 종아리마디가 방
울 모양이고 암컷의 다리는 여느 실잠자리처럼 생겼습니다. 하얀색 방울이 햇
살을 받아 반짝일 때는 눈이 부실 정도로 아름답습니다. 사실 방울이라기보다
는 장화 같은 느낌이 들기도 합니다. 어린 수컷은 이 눈부신 하얀색이 나타나지
않고 미색입니다. 성숙해지면서 비로소 선명한 하얀색을 띠게 됩니다.

방울실잠자리 수컷 다리가 방울 모양이라 다른 종과 구별하기 쉽다. 하
얀색 장화를 신은 것 같다.

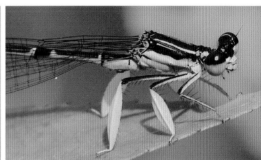

방울실잠자리 수컷 다른 실잠자리에 비해 겹눈이 크며
멀리 떨어져 있다.

방울실잠자리 미성숙 수컷 아직 색이 제대로 나타나지 않았다. 전체적으
로 연한 살구색이다.

방울실잠자리 미성숙 수컷 다리에 있는 '방울'도 아직
선명한 흰색을 띠지 않는다.

방울실잠자리 암컷 수컷과 달리 다리에 '방울'이 없다.

방울실잠자리 암컷 아직 미성숙한 개체로 배와 겹눈에 검은색이 강하다.

방울실잠자리 미성숙 암컷 날개돋이 후 얼마 지나지 않았다.

방울실잠자리 암수

수컷은 왜 종아리마디가 천적의 눈에도 잘 띄고 거추장스럽기도 한 방울 모양일까요? 암컷에게 잘 보이기 위해서일 것이라고 짐작해 봅니다. 이 방울 모양의 종아리가 크고 멋질수록 암컷에게 인기가 많고 그만큼 짝짓기 확률도 높아져 이렇게 진화한 것이 아닐까요?

방울실잠자리 짝짓기

방울실잠자리 산란 암수 연결 산란을 한다.

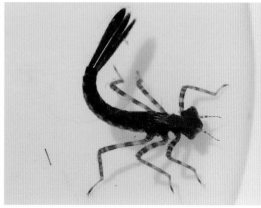

아시아실잠자리, 방울실잠자리 애벌레 작은 개체가 방울실잠자리다.

방울실잠자리 애벌레 배 끝을 들어 올리는 모습이 자주 보인다.

잠자리아목

잠자리아목에 속한 잠자리는 앉을 때 날개를 펴고 앉습니다. 앞뒤 날개의 모양이 달라 불균시아목이라고도 합니다. 우리나라에는 왕잠자리과, 측범잠자

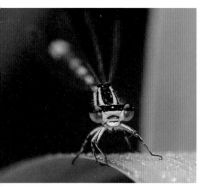

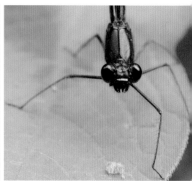

참실잠자리 겹눈이 떨어져 있다.

아시아실잠자리 겹눈이 떨어져 있다.

물잠자리 겹눈이 떨어져 있다.

두점박이좀잠자리 겹눈이 붙어 있다.

어리장수잠자리 측범잠자리과로 겹눈이 떨어져 있긴 하지만,
실잠자리아목처럼 많이 떨어지지는 않았다.

리과, 장수잠자리과, 청동잠자리과, 잠자리과 등이 있습니다.

이 가운데 측범잠자리과에 속하는 잠자리들은 겹눈이 떨어져 있고 나머지 과의 잠자리들은 겹눈이 붙어 있습니다. 다리에는 사냥꾼답게 가시털이 돋아나 있는데(실잠자리아목도 마찬가지입니다) 사냥이나 잡기에는 유리하지만 걷기에는 적당하지 않습니다.

● 왕잠자리과

주변에서 쉽게 볼 수 있는 왕잠자리과에는 왕잠자리와 먹줄왕잠자리가 있습니다. 먹줄왕잠자리는 이름처럼 옆가슴에 먹줄처럼 보이는 검은색 선 두 줄이 있습니다. 애벌레는 실잠자리들과는 다르게 꼬리아가미가 없는 대신 직장아가미가 있습니다.

왕잠자리와 먹줄왕잠사리 애벌레는 생김새가 워낙 비슷해 자세히 살펴보지 않으면 구별하기 어렵습니다. 보통 미모와 하부속기(교미부속기 중에 아래

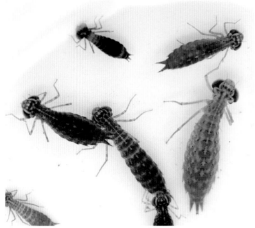

다양한 크기의 왕잠자리류 애벌레들

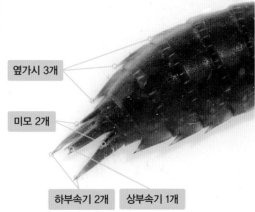

옆가시 3개

미모 2개

하부속기 2개   상부속기 1개

왕잠자리 애벌레 미모가 하부속기의 2분의 1보다 짧다.

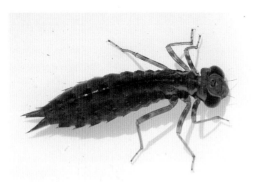

참별박이왕잠자리 애벌레 옆가시가 제5~9 배마디에 있다. 제5 배마디 옆가시는 매우 짧다.

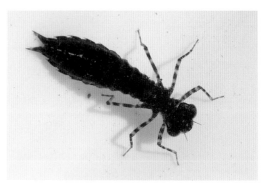

황줄왕잠자리 애벌레 옆가시가 제6~9 배마디에 있다.

긴무늬왕잠자리 애벌레 생김새가 독특하다.

도깨비왕잠자리 애벌레 주로 남부지방에 서식한다.

쪽에 있는 기관)의 비율로 구별하는데 미모가 하부속기의 2분의 1보다 짧으면 왕잠자리입니다. 이 밖에 왕잠자리과에 속하는 애벌레를 구별할 때는 옆가시와 등가시 등도 세밀하게 관찰해야 합니다.

왕잠자리 암컷은 송곳처럼 생긴 산란관을 이용해 식물 줄기나 진흙에 알을 낳습니다. 대부분의 왕잠자리과는 암컷 혼자 단독 산란을 하지만 왕잠자리는 독특하게 단독 산란을 하기도 하고 연결 산란을 하기도 합니다.

알은 보통 2주 후면 부화해 1령 애벌레가 되고, 대략 15번의 허물을 벗은 뒤 성충이 됩니다. 대부분의 왕잠자리는 이렇듯 1년에 한 번의 한살이인 1년 1세대이지만, 별박이왕잠자리속은 낳은 첫해에 알 상태로 겨울을 나고 이듬해 봄에 깨어난 애벌레가 성장해 그해 겨울을 난 뒤 그다음 해에 날개돋이(우화)를 하는 2년 1세대 과정을 거칩니다.

왕잠자리는 전국 대부분의 습지나 연못, 저수지 등에서 볼 수 있으며 4월부터 10월까지 활동합니다. 보통 애벌레 상태로 겨울을 나며 암컷은 가슴 전체가 연두색이지만 수컷은 가슴 뒤쪽에 푸른빛이 돌아서 구별됩니다.

왕잠자리와 달리 옆가슴에 먹줄이 두 줄 있는 먹줄왕잠자리는 암컷은 황색, 수컷은 연둣빛에 가슴 뒤쪽에 푸른빛이 돌아 아주 아름답습니다. 배에도 푸른 점무늬가 있어 왕잠자리와 구별됩니다.

풀숲에 숨기를 좋아하는 긴무늬왕잠자리는 이름처럼 등에 두 줄의 검은색 긴 줄무늬가 있으며, 옆가슴은 먹줄왕잠자리와 달리 아주 가늘지요. 오전 중에는 풀줄기 사이에서 쉬고 저녁에 활동하는 잠자리입니다.

왕잠자리 수컷 배마디 앞부분이 하늘색이다. 밤에 불빛을 찾아온 개체다.

왕잠자리 암컷 몸이 전체적으로 연두색이다. 밤에는 풀줄기나 나뭇가지를 잡고 쉰다.

왕잠자리 암컷 물가 풀줄기에 매달려 쉬고 있다. 밤에 본 모습이다.

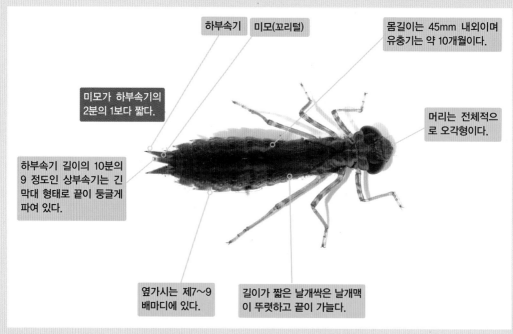

하부속기　미모(꼬리털)

몸길이는 45mm 내외이며 유충기는 약 10개월이다.

미모가 하부속기의 2분의 1보다 짧다.

하부속기 길이의 10분의 9 정도인 상부속기는 긴 막대 형태로 끝이 둥글게 파여 있다.

머리는 전체적으로 오각형이다.

옆가시는 제7~9 배마디에 있다.

길이가 짧은 날개싹은 날개맥이 뚜렷하고 끝이 가늘다.

왕잠자리 애벌레의 특징

076

날개돋이 직후의 왕잠자리(암컷) 아직 날개
에 혈림프가 다 돌지 않아서 날기 힘들다.

왕잠자리 날개돋이

먹줄왕잠자리 암컷 가슴 옆면에 굵은 먹줄 무늬가 있어서 붙인 이름이다.

먹줄왕잠자리 수컷 암컷과 달리 검은색이 감도는 배에 크기가 다른 노란색 동그란 무늬들이 흩어져 있어 마치 밤하늘의 별처럼 보인다.

각 다리에는 연한 갈색 무늬가 나타난다.

길이가 짧은 날개싹은 맥이 뚜렷하고 끝이 가늘다.

등가시는 없고 제7~9 배마디에 옆가시가 있다.

미모(꼬리털)

머리는 전체적으로 둥그스름한 오각형이다.

긴 사각형의 상부속기는 끝이 파여 각이 진 M 자 형이다.

몸길이는 48mm 내외이며 유충기는 약 10개월이다.

미모는 하부속기의 5분의 3 정도된다.

먹줄왕잠자리 애벌레 특징

먹줄왕잠자리 애벌레 물속에서 허물을 벗으면서 10개월을 산다. 어린 애벌레일 때는 색동옷을 입은 것처럼 줄무늬가 나타난다.

허물 벗은 직후의 먹줄왕잠자리 애벌레 몸이 연둣빛에 가까운 노란색이다.

먹줄왕잠자리의 날개돋이

먹줄왕잠자리 날개돋이 직후의 모습
먹줄왕잠자리 수컷
먹줄왕잠자리 성충과 탈피 허물
먹줄왕잠자리 수컷 날개가 제대로 펴
지지 않았다. 날개돋이가 완전하지 못
한 것처럼 보인다.

긴무늬왕잠자리 날개돋이 직후의 모습

긴무늬왕잠자리 이름처럼 긴 무늬가 나타나며 겹눈에 독특한 무늬가 있다.

습지 주변 나뭇잎에 걸려 죽은 긴무늬왕잠자리 머리, 뒤로 내장도 보인다.

긴무늬왕잠자리

몸길이는 40mm 내외이며 유충으로 월동하고 유충기는 약 10개월이다.

머리는 마름모꼴이며 겹눈에 독특한 무늬가 나타난다.

몸은 가늘고 길며 배 중앙 양쪽에 밝은 갈색 무늬가 세로로 넓게 있다.

다리는 튼튼하게 보이며 별다른 무늬가 없다.

등가시는 없고 작은 옆가시가 제6~9 배마디에 있다.

날개싹이 세로로 길며 맥은 뚜렷하지 않다.

긴무늬왕잠자리 애벌레 생김새가 여느 왕잠자리류와 다르다. 머리가 넓은 마름모꼴이다.

긴무늬왕잠자리 애벌레와 허물 물속에서 10개월을 산다.

하부속기는 가늘고 길며 끝이 날카롭고 뾰족하다.

몸길이는 45mm 내외이며 유충으로 월동하고 유충기는 약 10개월이다.

배에는 특별한 무늬가 없고 마디 부분에 가는 황색 줄이 있다.

다리는 가늘고 길며 황색의 고리 무늬가 뚜렷하다.

등가시는 없고 날카로운 옆가시가 제6~9 배마디에 있다.

날개싹이 비교적 작고 가늘다.

머리는 전체적으로 오각형이며 이마가 돌출되어 있다.

황줄왕잠자리 애벌레 특징

황줄왕잠자리 애벌레들 물속에서 10개월을 산다.

황줄왕잠자리 날개돋이 직후의 모습

황줄왕잠자리 날개돋이 직후의 모습 가슴 옆면에 굵은 줄무늬가 있으며 배 끝의 교미부속기가 길다. 수컷이다. 제2 배마디에 부성기가 뚜렷하게 보인다.

머리는 전체적으로 오각형이며 이마가 돌출되어 있다.

다리는 가늘고 길며 별다른 무늬가 없다.

몸길이는 45mm 내외이며 유충으로 월동하고 유충기는 약 16개월이다.

제4~8 배마디에 등가시가 있다.

미모

하부속기

상부속기

미모가 하부속기의 5분의 2 정도로 짧다.

상부속기는 하부속기의 5분의 4 정도이며 양 끝은 날카롭고 각이 졌다.

겹눈 안쪽이 길게 머리 안으로 들어가 있다.

옆가시는 제5~9 배마디에 있으며 날카롭고 끝이 뾰족하다.

참별박이왕잠자리 애벌레 특징

● 측범잠자리과

잠자리아목 측범잠자리과에 속하는 측범잠자리는 대부분 검은색 몸통에 노랑 줄무늬가 나타납니다. 잠자리아목에 속하는 '잠자리과'와 달리 겹눈이 떨어져 있지만, 실잠자리처럼 많이 떨어져 있지는 않습니다.

이 과에 속하는 잠자리 가운데 쇠측범잠자리, 검정측범잠자리, 가시측범잠자리처럼 이름에 '측범'이 있어 '과'를 짐작할 수 있지만, 어리장수잠자리, 어리부채장수잠자리, 부채장수잠자리처럼 이름에 '장수'가 있어 장수잠자리과로 오해할 수 있는 잠자리도 있습니다. 하지만 우리나라에 서식하는 잠자리 가운데 장수잠자리과는 오로지 '장수잠자리'뿐입니다. 측범잠자리과와 달리 장수잠자리는 겹눈이 붙어 있습니다.

애벌레의 생김새도 실잠자리나 여느 잠자리와 달리 독특하게 생겨 쉽게 구별할 수 있습니다. 하지만 측범잠자리끼리 구별하기란 그리 만만치 않습니다. 날개싹의 모양이나 더듬이 모양 같은 세밀한 부분을 관찰해야 제대로 된 이름표를 달아줄 수 있습니다.

성충도 워낙 비슷하게 생겨서 한눈에 구별하기가 쉽지 않습니다. 자세히

어리장수잠자리 겹눈이 약간 떨어져 있다.

장수잠자리 겹눈이 붙어 있다.

날개돋이를 위해 물 밖으로 나온 쇠측범잠자리
애벌레

등가시는 없고 옆가시는
제7~9 배마디에 있다.

유충으로 월동하며 유충기는
약 20개월이다.

제3 더듬이가 약간
굽은 타원형이다.

제4~8 배마디
좌우에 점무늬
가 한 쌍 있다.

몸길이는 18mm 내외
이며 전체적으로 납작
하고 배 끝이 완만하
게 좁아진다.

날개싹은 八 자형으
로 벌어져 있다.

넓적다리마디가
몸 색보다 진한
갈색이다.

쇠측범잠자리 애벌레의 특징

쇠측범잠자리 애벌레 비교적 깨끗한 물에 살며 몸이 납작하다.
날개싹이 '八' 자로 벌어져 있다.

쇠측범잠자리 애벌레 물속에서 20개월을 산다.

보고 세밀히 관찰해야 구별이 가능한 종도 많습니다.

날개돋이 방법은 거꾸로 매달려서 하는 도수형이 아닌, 딛고 우화하는 직
립형입니다.

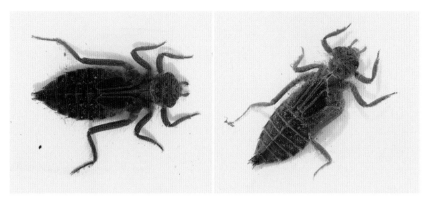

검정측범잠자리 애벌레

날개싹이 八 자 형태로 벌어져 있다.

배는 전체적으로 넓은 타원형이다.

옆가시는 제7~9 배마디에 있고 등가시는 제2~9 배마디에 있다.

더듬이의 제3 마디는 안쪽으로 굽은 긴 주걱형이다.

등에 흑갈색 무늬와 점무늬가 나타난다.

짙은 갈색의 겹눈은 부채꼴이다.

다리는 굵고 짧다.

몸길이는 26mm 내외이며 유충기는 약 20개월이다.

노란측범잠자리 애벌레

　　쇠측범잠자리처럼 이른 봄에 우화하는 종이 있어 여느 잠자리들에 비해 이른 시기에 관찰할 수 있습니다. 아직 얼음이 녹지 않은 계곡에서 날개돋이를 하는 쇠측범잠자리를 보면 생명의 숭고함마저 느껴집니다.

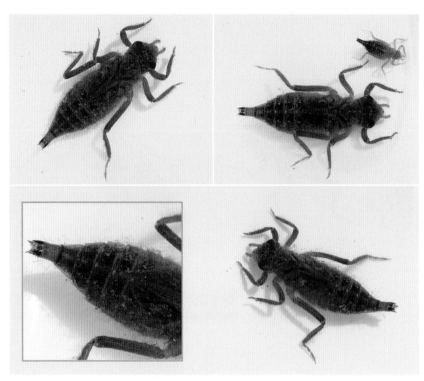

가시측범잠자리 애벌레

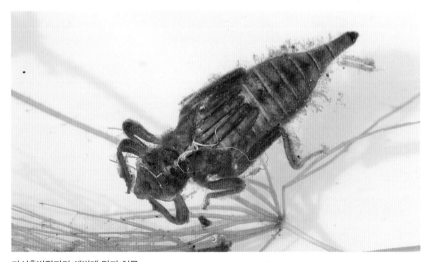

가시측범잠자리 애벌레 탈피 허물

몸길이는 35mm 내외이고 전체적으로 넓고 편평하다. 유충기는 약 20개월이다.

제10 배마디의 길이는 제9 배마디 길이의 2분의 1 정도로 아주 짧다.

제2~9 배마디에 톱니 모양의 옆가시가 있다.

날개싹이 긴 타원형이고 몸에 비해 작은 편이다.

더듬이 제3마디가 넓은 구형이어서 다른 종과 쉽게 구별된다.

폭이 넓고 납작한 원형의 배는 돌 틈에서 생활하기에 적합하다.

겹눈은 크고 반원형이다.

다리는 가늘고 길다.

어리장수잠자리 애벌레

어리장수잠자리 애벌레

어리장수잠자리 탈피 허물

쇠측범잠자리 수컷 암컷보다 몸이 가늘다.

쇠측범잠자리 얼굴

쇠측범잠자리 수컷

쇠측범잠자리 암컷

쇠측범잠자리 암컷 개체마다 색깔의 차이가 있다. 수컷보다 배가 넓적하고 배 끝의 모양이 다르다.

쇠측범잠자리 암컷의 크기를 짐작할 수 있다.

쇠측범잠자리 수컷 배 끝에 있는 교미부속기가 다른 측범잠자리 수컷들보다 굵다.

검정측범잠자리 암컷 배 끝에 있는 산란판이 크게 갈라져 있다.　　검정측범잠자리 앞모습

가시측범잠자리 수컷 부성기가 굵고 크다.　　가시측범잠자리 수컷 전국적으로 서식하며 4~6월에 보인다. 애벌레로 월동한다.

노란측범잠자리 수컷 갈고리 모양의 교미부속기가 있다.　　노란측범잠자리 암컷의 크기를 짐작할 수 있다.

어리장수잠자리 수컷 암컷보다 배가 가늘다.

어리장수잠자리 암컷의 크기를 짐작할 수 있다.

어리장수잠자리 암컷 측범잠자리과에서 가장 크다.

어리장수잠자리 수컷 날개돋이 후 날개를 말리고 있다.

어리장수잠자리 수컷 주로 5~8월에 보이며 물가 바위에 앉아 있는 것을 자주 볼 수 있다.

어리장수잠자리 수컷의 크기를 짐작할 수 있다.

어리장수잠자리 전국적으로 서식하며 암컷이 단독 타수 산란한다.

마아키측범잠자리의 크기를 짐작할 수 있다. 5월에 우화한 미성숙 개체는 산지로 이동해 성장하며 성숙해지면 다시 마을로 내려와 산란한다.

마아키측범잠자리 5〜9월에 보이며 전국적으로 서식한다. 암컷이 단독으로 타수 산란을 한다.

마아키측범잠자리 배 끝이 독특하게 생겼다.

마아키측범잠자리 사냥

마아키측범잠자리 애벌레 탈피 허물

마아키측범잠자리 수컷　　　　마아키측범잠자리 얼굴　　　　마아키측범잠자리 교미부속기

마아키측범잠자리 크기　　　　마아키측범잠자리

자루측범잠자리 중·남부지방에 서식
하며 5~9월에 보인다. 각 배마디 앞쪽
에 노란색 띠무늬가 있으며 제9 배마
디의 띠무늬가 유난히 넓다.

호리측범잠자리 수컷 전국적으로 서식하며 6~9월에 보인다.
암수 모두 제7~9 배마디가 넓게 퍼져 있다.
애벌레로 월동하며 암컷이 단독 타수 산란한다.

어리부채장수잠자리 암수 모두 배 윗면에 굵은 노란색 무늬가
선명하게 나타난다. 중·남부지방에 서식하며 5~8월에 보인다.

어리부채장수잠자리 수컷 더위를 피
하려고 물구나무를 서고 있다.

쇠측범잠자리 날개돋이

날개돋이를 하기 위해 물에서 나온 쇠측범잠자리 애벌레 물속에서 20개월을 살았다.

쇠측범잠자리 날개돋이

날개돋이에 실패한 쇠측범잠자리
시간이 많이
지났지만 배를
허물에서
빼내지 못했다.

쇠측범잠자리의 다양한 날개돋이 ❶

쇠측범잠자리의 다양한 날개돋이 ❷

어리장수잠자리 날개돋이

가시측범잠자리 날개돋이

우리나라 고유종인 노란배측범잠자리는 대학생 4명의 지속적인 노력으로 세계자연보전연맹IUCN 「적색목록」 멸종위험군에 등재된 잠자리다. 지금까지 우리나라에 서식하는 곤충이 「적색목록」에 등재된 경우는 대모잠자리와 이빨개미뿐이었는데 노란배측범잠자리가 추가된 것이다.

하지만 앞선 두 곤충은 일본 등재팀과 ICUN 자체 등재팀에 의해 목록에 오른 것이라 우리나라 사람 이름으로 「적색목록」에 등재된 경우는 이 노란배측범잠자리가 처음이라고 할 수 있다.

노란배측범잠자리는 1937년 대구에서 일본인이 처음으로 발견한 우리나라 고유종 잠자리다. 지금은 우리나라 중부와 남부지방 일부에 서식하는 것으로 알려졌다. 노란배측범잠자리가 가까운 미래에 멸종위기에 처한 곤충이라는 평가를 받는 이유는 서식지와 무관하지 않은 듯하다.

필자는 2018년 6월 22일 양평의 한 습지에서 봤는데 워낙 빠르게 날고 있어서 사진 찍기가 매우 어려웠던 기억이 있다. 다행히 같이 간 동료의 모자에 잠깐 앉은 것을 찍을 수 있었다. 이 잠자리는 애벌레 시기가 보통 3년 정도로 알려져 있고 직립형 우화를 한다고 한다.

노란배측범잠자리 5~8월에 보인다. 수컷의 제9 배마디에 노란색 가로줄 무늬가 뚜렷하게 나타난다.

노란배측범잠자리 애벌레로 월동하며 한국 고유종이다.

노란배측범잠자리 보호가 필요한 종이다.

● 장수잠자리과

이 과에 속한 장수잠자리는 우리나라에 사는 잠자리 중에서 가장 큽니다. 애벌레 시기도 3년 이상(지역에 따라 4년)인 잠자리로 보통 6월 중순부터 날개돋이를 한다고 알려졌습니다. 우화 후 2달간의 성장기를 거친 뒤 8월 무렵에 알을 낳는데 알은 약 40일이면 부화한다고 합니다. 이때부터 3년 이상의 애벌레 시기를 잘 견뎌야만 푸른 하늘을 날 수 있는 성충이 됩니다.

다양한 크기의 장수잠자리 애벌레

장수잠자리 어린 애벌레

장수잠자리 탈피 허물

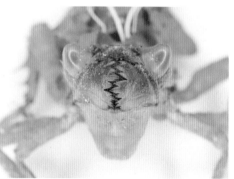

겹눈이 붙어 있다.

장수잠자리 애벌레로 월동하며 암컷은 물가 모래 속에 단독으로 산란한다.

장수잠자리 전국적으로 서식하며 6~9월에 보인다.

장수잠자리의 크기를 짐작할 수 있다.

장수잠자리 수컷

장수잠자리 수컷 배 윗면

장수잠자리 암컷

● 청동잠자리과

청동잠자리과에는 이름처럼 몸에 청동색을 띤 잠자리가 많습니다. 이름이 재미있는 언저리잠자리나 밑노란잠자리를 보고 나면 왜 청동잠자리과에 속하는지 이해가 됩니다.

마을 주변의 연못이나 작은 웅덩이를 터전으로 살아가고, 이 과에는 대형인 산잠자리도 있습니다. 측범잠자리와 비슷하게 생겼지만 겹눈이 붙어 있고, 장수잠자리와는 무늬가 달라 구별이 됩니다.

언저리잠자리는 이름처럼 도시 언저리를 주 생활 터전으로 살아갑니다. 하지만 최근 들어 도시가 팽창하면서 이런 지역들에 있는 연못이나 작은 웅덩이 같은 습지들이 메워지고 있어 점점 알을 낳을 수 있는 자리

언저리잠자리 4~6월에 보이며 전국적으로 서식한다. 몸길이는 48~53mm이다.

날개돋이 직후의 언저리잠자리

언저리잠자리 암컷이 단독으로 타수 산란한다.

가 줄어들고 있습니다. 실제로 이런 지역을 서식지로 삼고 있는 대모잠자리
는 개체 수가 급감해 멸종위기종 2급으로 지정 · 보호하고 있는 실정입니다.

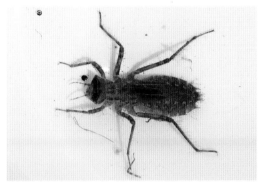

언저리잠자리 애벌레 몸길이는 22~25mm이며 다리가 길다.

언저리잠자리 애벌레 제8~9 배마디에 옆가시가 있다.

언저리잠자리 애벌레 얼굴 물속에서 10개월을 산다.

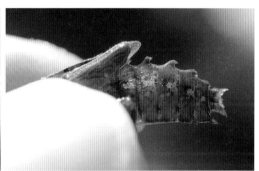

언저리잠자리 애벌레 제1~9 배마디에 등가시가 있다.

언저리잠자리 탈피 허물

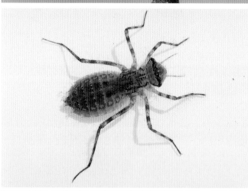 

■ 밑노란잠자리 6∼9월에 보이며 중·북부지방에 서식한다. 배 밑면이 노란색이라 붙인 이름이다.

■ 밑노란잠자리 청동잠자리과답게 몸이 청동색이다.

■ 밑노란잠자리 애벌레 제8∼9 배마디에 옆가시가 있다. 물 속에서 10개월을 산다.

■ 밑노란잠자리 애벌레 제5∼9 배마디에 등가시가 있다.

■ 밑노란잠자리 탈피 허물

날개돋이 직후의 산잠자리 암컷 전국적으로 서식하며 5～9월
에 보인다.

제3～9 배마디에 등가시가 있다.

날개돋이 중에 부상 당한 산잠자리 수컷 크기를 짐작할 수 있다. 산잠자리 탈피 허물

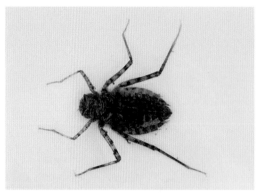

산잠자리 애벌레 다리가 길다. 물속에서 20개월을 산다.

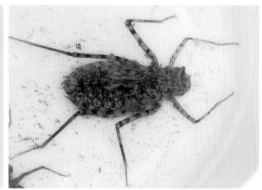

산잠자리애벌레 제8~9 배마디에 옆가시가 있다.

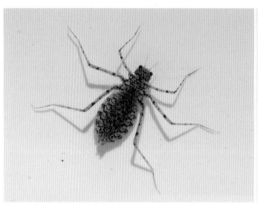

산잠자리 애벌레

● 잠자리과

밀잠자리, 고추잠자리 같은 우리에게 친숙한 잠자리뿐만 아니라 나비잠자리, 노란허리잠자리, 배치레잠자리 등 이름이 독특한 잠자리가 있는가 하면, 날개띠좀잠자리, 애기좀잠자리 같은 좀자리들이 속해 있습니다. 우리나라에서 가장 많은 잠자리가 있는 '과' 이지요. 대모잠자리, 꼬마잠자리 같은 멸종위기종으로 분류되어 보호받고 있는 잠자리도 이 과에 속합니다.

잠자리 가운데 가장 먼 거리를 이동하는 잠자리는 무엇일까요? 바로 된장잠자리입니다. 우리나라에서 여름에 많은 개체가 보이지만 사실 이 잠자리는 우리나라 잠자리가 아닙니다. 그 이유는 알이나 애벌레 또는 성충의 형태로 우리나라에서 겨울을 나지 않기 때문입니다.(정확하게는 아직 알려지지 않았다고 해야겠지요. 그만큼 생태가 비밀에 싸인 잠자리입니다.)

이 잠자리는 멀리 대양을 건너서 날아온다고 알려져 있어 비래종飛來種이라고 합니다. 4월 중순경에 성충이 관찰되며, 보통 4세대를 거친다고 알려졌습니다. 알에서 성충이 되는 시기도 35일로 짧습니다.

외국의 한 연구 결과에 따르면 된장잠자리는 1000미터 고도에 최대 18,000킬로미터를 날아서 이동한다고 합니다. 대양을 건너 대륙과 대륙 사이를 이동하는 놀라운 잠자리이지요. 주로 날아다니며 생활하지만 가끔 앉은 자세가 독특해 눈에 띕니다.

미성숙 시기에는 암수 모두 된장을 닮은 황색이고 성숙해지면 수컷은 연한 붉은빛이 돕니다. 그렇다고 고추잠자리처럼 완전히 빨간색은 아닙니다. 현재까지는 어디서 날아오는지, 월동은 어떻게 하는지 등등, 정확한 정보가 없습니다.

쉬는 자세가 독특한 된장잠자리

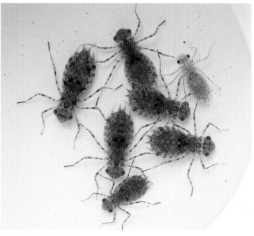

비행 중인 된장잠자리

된장잠자리 암컷   된장잠자리 수컷

된장잠자리 애벌레 얼굴

된장잠자리 애벌레 제2~4 배마디에만 등가시가 있다. 손으로 가려진 부분이다.

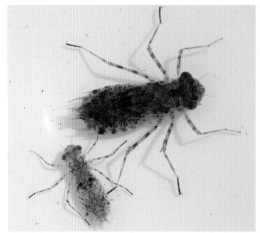

된장잠자리 애벌레 제8~9 배마디의 옆가시가 매우 길다.

된장잠자리 애벌레들

된장잠자리 탈피 허물

된장잠자리가 밤에 쉬고 있다.

대모잠자리는 날개에 대모거북의 등 무늬가 있는 멸종위기 야생동물 2급으로 지정되었습니다. 세계자연보전연맹IUCN「적색목록」위급CR 단계로 지정된 종이기도 합니다. CR 등급은 야생에서 심각한 절멸 위기 단계에 처한 생물을 가리킵니다. 일본에서도 멸종위기종으로 다루어 보호하고 있다고 합니다.

주로 사는 곳이 마을 주변 연못이나 오래된 양어장, 저수지, 작은 웅덩이 등 개발되면 사라질 지역이다 보니 개체 수가 급감했습니다. 비슷한 환경에서 사는 넉점박이잠자리와 종종 혼동되기도 하지만 자세히 관찰해보면 차이점을 알 수 있습니다. 4월경부터 6월까지 전국적으로 보이지만 개체 수가 적습니다. 날개에 있는 대모거북의 등 무늬에 빗대어 북한에서는 호박점잠자리라고 부릅니다.

알에서 부화한 애벌레는 12번의 탈피를 거쳐 종령 애벌레가 되는데 이 상태로 겨울을 난다고 알려졌습니다. 애벌레로 보내는 시기는 약 10개월입니다.

대모잠자리 전국적으로 서식하며 4~6월에 보인다.

대모잠자리 애벌레로 월동하며 타수 산란한다.

멸종위기 2급인 대모잠자리

대모잠자리
날개에 대모거북의 무늬가
있어 붙인 이름이다.

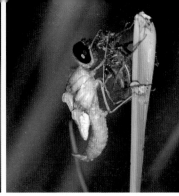

넉점박이잠자리 날개에 점 4개가 있어 붙인 이름이다.

날개돋이 중인 넉점박이잠자리

넉점박이잠자리 날개돋이

넉점박이잠자리 애벌레 물속에서 10개월을 살며 제3~8 배마디에 등가시가 있다.

넉점박이잠자리 애벌레 날개돋이를 하기 위해 물 밖으로 나오고 있다.

넉점박이잠자리 날개돋이

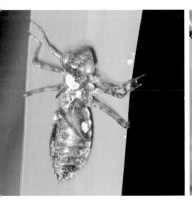

넉점박이잠자리 탈피 허물

넉점박이잠자리 전국적으로 서식하며 4~6월에 보인다.

넉점박이잠자리 암컷 아랫면 애벌레로 월동하며 타수 산란한다.

날개돋이를 막 끝낸 밀잠자리

밀잠자리 수컷

밀잠자리 암컷

밀잠자리 짝짓기

밀잠자리 애벌레 특징

몸길이는 24mm 내외이며 유충으로 월동하고 유충기는 10개월이다.

머리는 둥그스름한 사각형이며 폭이 넓다.

등가시는 없으며 가늘고 짧은 옆가시가 제8~9 배마디에 있다.

다리는 짧은 편이며 굵은 털이 많이 나 있다.

날개싹은 긴 타원형이며 끝이 좁아진다.

몸은 긴 타원형이며 가슴에 비해 배가 넓다.

밀잠자리 애벌레 등가시가 없고 날개싹이 제6 배마디에 미치 밀잠자리 애벌레 물속에서 10개월을 산다.
지 않는다.

밀잠자리 애벌레들

밀잠자리 애벌레 탈피 허물

밀잠자리 미성숙 수컷

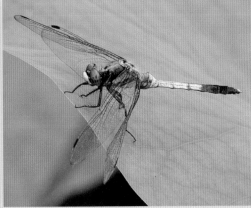

밀잠자리 성숙 수컷

밀잠자리 날개돋이

밀잠자리 산란 장면

큰밀잠자리 성숙 암컷 전체적으로 노란색이다.

큰밀잠자리 성숙 수컷 전체적으로 회청색이며 제8～10 배마디가 검은색이다.

큰밀잠자리 짝짓기

큰밀잠자리 산란 경호 비행

큰밀잠자리 수컷은 암컷이 알을 낳을 동안 산란 경호 비행을 한다. 암컷은 타수 산란한다.

큰밀잠자리 미성숙 수컷 성숙 암컷과 비슷하지만 배 끝이 다르다.

큰밀잠자리 성숙 수컷

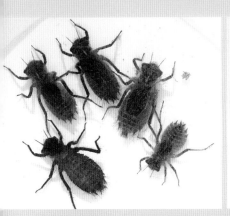

큰밀잠자리 애벌레들 물속에서 10개월을 산다.

큰밀잠자리 애벌레 등가시가 제4~7 배마디에 있는 것이 밀잠자리나 중간 밀잠자리와 다른 점이다.

큰밀잠자리 애벌레 제4~7 배마디에 커다란 등가시가 있다.

■ 큰밀잠자리 암컷의 날개돋이
■ 날개돋이한 지 얼마 안 된 큰밀잠자리 수컷

중간밀잠자리 수컷 옆가슴선이 굵고 배 전체가 회색인 점이 여느 밀잠자리류 수컷들과 다른 점이다.

막 날개돋이를 마친 중간밀잠자리 미성숙 수컷

중간밀잠자리 날개돋이

중간밀잠자리 짝짓기

산란 경호 비행 중인 중간밀잠자리 위의 개체가 수컷이다.

■ 중간밀잠자리 성숙 암컷

■ 중간밀잠자리 성숙 암컷

■ 중간밀잠자리 미성숙 수컷 암컷과 비슷하지만 부성기가 있어 구별된다.

■ 중간밀잠자리 미성숙 수컷의 크기를 짐작할 수 있다.

■ 중간밀잠자리 수컷 4~5월에 많이 보인다.

■ 홀쭉밀잠자리 미성숙 수컷 성숙해지면 몸 전체가 회청색이 된다.

■ 홀쭉밀잠자리 미성숙 수컷 암컷과 비슷하지만 배 끝이 다르다. 제2 배마디 아래쪽에 부성기도 보인다.

■ 홀쭉밀잠자리 수컷 몸 전체가 회청색이며 날개 끝에 옅은 깃동 무늬가 있다.

■ 홀쭉밀잠자리 성숙 수컷 수컷은 성숙해지면 날개의 깃동 무늬가 거의 안 보이기도 한다.

■ 홀쭉밀잠자리 수컷

■ 홀쭉밀잠자리 암컷 전국적으로 분포하며 6~8월에 보인다.

■ 홀쭉밀잠자리 암컷 타수 산란하며 애벌레로 월동한다.

밀잠자리붙이 수컷 옆가슴선이 두 줄 있고 배가 회색이다.

밀잠자리붙이 암컷 옆가슴선 두 줄이 뚜렷하며 가슴은 연한 노란색, 배는 회색이다.

밀잠자리붙이 미성숙 수컷 성숙해지면 몸이 회청색으로 바뀐다.

밀잠자리붙이 암컷 전국적으로 분포하며 6~9월에 보인다.

밀잠자리붙이 수컷 홀쭉밀잠자리처럼 날개에 깃동 무늬가 있지만, 암컷 가운데 날개에 깃동 무늬가 있는 깃동형 변이가 나타나기도 한다.

밀잠자리붙이 암컷의 일반적인 모습 날개에 깃동 무늬가 없다.

밀잠자리붙이 애벌레 제8,9 배마디에 옆가시가 있다. 다리가 길어 여느 밀잠자리류와 다르게 생겼다.

밀잠자리붙이 애벌레 제4~9 배마디에 옆으로 누운 등가시가 있다. 물속에서 10개월을 산다.

배치레잠자리 성숙 수컷 다른 잠자리보다 배가 넓고 짧은 편이다.

배치레잠자리 미성숙 암컷 성숙해지면 황색에서 연한 노란색으로 바뀐다.

배치레잠자리 성숙 암컷 4~9월에 보인다.

배치레잠자리 얼굴 앞이마에 금속광택의 무늬가 있다.

배치레잠자리 밤에 만난 성숙 암컷이다.

배치레잠자리 미성숙 수컷 암컷과 비슷하게 생겼지만 배 끝이 다르게 생겼다.

배치레잠자리 미성숙 수컷 암수 모두 앞이마에 금속광택의 무늬가 있다.

배치레잠자리 중간 성숙한 수컷 몸 전체가 검은색을 띤다.

■■■ 배치레잠자리 애벌레 물속에서 10개월을 산다.
■■■ 배치레잠자리 애벌레 제8,9 배마디에 옆가시가 있고 제4~9 배마디에 등가시가 길게 발달해 있다.
■■■ 배치레잠자리 날개돋이 후의 모습

■ 고추잠자리 미성숙 암컷 성숙해도 전체적으로 황색을 띤다.
■ 고추잠자리 성숙 암컷 중·남부지방에 서식하며 5~9월에
  보인다.
■ 고추잠자리 암컷 수생식물 주위에서 타수 산란한다.

고추잠자리 중간 성숙 수컷 성숙 수컷으로 변해가는 단계다.

고추잠자리 수컷 성숙해지면 몸 전체가 붉게 변한다. 더위를 피하려고 물구나무를 서고 있다.

고추잠자리 수컷 얼굴도 붉게 변한다. 고추좀잠자리와 차이점이다.

고추잠자리 수컷 자신의 텃세권 안에 앉아 있다.

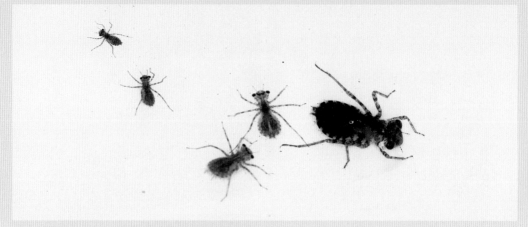

고추잠자리 애벌레 물속에서 10개월을 살며 애벌레로 월동한다.

고추잠자리 애벌레 왼쪽은 막 허물을 벗은 개체다.

고추잠자리 애벌레 제8,9 배마디에 옆가시가 있고 등가시는 없다.

고추잠자리 애벌레로 월동하기 때문에 이른 봄에 큰 개체를 볼 수 있다.

고추잠자리 탈피 허물

- 나비잠자리 뒷날개가 매우 넓고 대부분 검은색이라 붙인 이름이다. 제비나비를 닮았다.
- 나비잠자리 수컷은 날개에 무지갯빛이 나타난다. 암컷은 검은색을 띤다.
- 나비잠자리 수컷 더위를 피하기 위해 물구나무를 서고 있다.
- 햇빛을 받은 나비잠자리의 날개가 매우 화려해 보인다.
- 막 허물을 벗은 나비잠자리 애벌레
- 나비잠자리 애벌레 물속에서 10개월을 살며 제3~9 배마디에 등가시가 있다. 애벌레로 월동한다.

노란허리잠자리 암컷이나 미성숙 개체만 제3,4 배마디가 노란색이다. 암컷은 비행하면서 수면 위에 떠 있는 풀줄기나 나무 등에 알을 붙여서 낳는다.

노란허리잠자리 비행 모두 수컷이다.

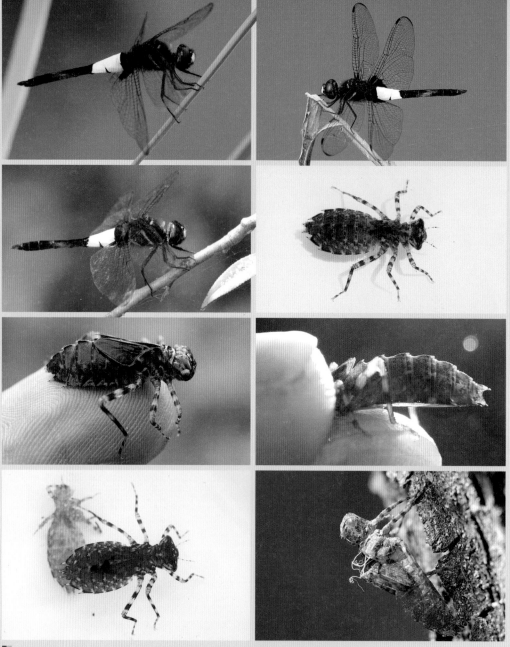

노란허리잠자리 수컷 성숙해지면 제3,4 배마디가 하얀색으로 변한다.

노란허리잠자리 전국적으로 분포하며 5~9월에 보인다.

노란허리잠자리 아직 노란색이 남아 있는 수컷이다.

노란허리잠자리 애벌레 물속에서 10개월을 살며 애벌레로 월동한다.

노란허리잠자리 애벌레 제8,9 배마디에 매우 굵고 큰 옆가시가 있다.

노란허리잠자리 애벌레 제2~9 배마디에 등가시가 있다. 제2,3 배마디 등가시는 위로 솟아 눈에 잘 띄며 나머지 등가시는 배와 평행을 이루어 잘 보이지 않는다.

노란허리잠자리 애벌레가 막 허물을 벗었다.

노란허리잠자리 탈피 허물

좀잠자리속(잠자리과)

좀잠자리라는 이름에는 '작다'라는 뜻이 있습니다. 고추잠자리와 고추좀잠자리를 비교해보면 왜 '좀'이란 말을 붙였는지 이해가 될 겁니다. 이 속에는 깃동잠자리처럼 비교적 큰 잠자리와 애기좀잠자리처럼 누가 보아도 '작은' 잠자리가 있습니다.

주로 짝짓기 철이 되면 수컷들이 붉게 변하는데 이 때문인지 북한에서는 이 속을 고추잠자리속으로 분류한다고 합니다. 이들은 날개돋이를 막 마친 미성숙한 상태에서는 암수 모두 누런색이지만 성숙해지면 수컷이 붉은색으로 변합니다. 혼인색을 띠는 것이지요.

좀잠자리들은 보통 알로 월동하며 이듬해 2, 3월경 알에서 깨어나 서너 달 성장하다가 6, 7월에 집중적으로 날개돋이를 합니다. 애벌레로 월동한 후 4, 5월경에 날개돋이를 하는 실잠자리나 왕잠자리, 측범잠자리보다 좀 늦지요.

7월경에 날개돋이를 한 좀잠자리들은 구릉지나 산지 계곡으로 이동합니다. 이때는 아직 짝짓기를 할 수 없는 미성숙한 시기라고 하여 전생식기前生殖期라고 합니다. 8월 말부터 다시 자기가 태어난 마을로 내려와 짝짓기를 하는데, 이때 수컷 몸은 혼인색으로 바뀌어 짝짓기 철임을 알 수 있습니다. 10월까지 이런 모습을 볼 수 있습니다.

짝짓기를 마치고 나면 적당한 곳을 찾아 알을 낳습니다. 암컷이 배 끝부분으로 수면을 치듯이 알을 낳는 타수打水 산란이나 공중에서 알을 뿌리는 공중 산란, 그리고 물가 진흙 표면에 산란판(이들은 뾰족한 산란관이 아닌 넓적한 산란판이 있습니다)을 붙이고 알을 낳는 타니打泥 산란을 합니다.

고추좀잠자리, 대륙좀잠자리, 하나잠자리 등이 타수 산란, 깃동잠자리와 여름좀잠자리 등이 공중 산란, 그리고 두점박이좀잠자리, 애기좀잠자리 등은 타니 산란을 한다고 알려졌지만 꼭 한 가지 방식으로만 알을 낳지는 않는다고 합니다.

● 닮은 듯 다른 좀잠자리 무리 ●

날개 앞쪽 색이 진하다.

산란판이 밑으로 내려와 있다.

노란잠자리 암컷

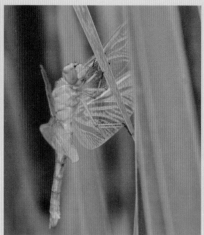

날개돋이 직후의 노란잠자리 미성숙 암컷 산란판이 보인다.

노란잠자리 날개를 말리고 있다.

노란잠자리 중간 성숙 암컷 배 끝에 돌출된 산란판이 보인다.

노란잠자리 성숙 암컷 전국적으로 서식하며 7~11월에 보인다. 알로 월동하며 연결 타수 산란한다.

노란잠자리 성숙 수컷

노란잠자리 수컷 성숙해지면 날개 가장자리와 안쪽이 주황색   노란잠자리 성숙 수컷 자신의 텃세권 안에서 쉬고 있다.
을 띤다.

노란잠자리 미성숙 수컷 몸 전체가 연한 노란색이다. 날개 앞 가장자리는 진한 노란색이다. 성숙해지면 연한 붉은빛을 띤다.

진노란잠자리 전국적으로 분포하며 7~10월에 보인다. 개체 수가 적은 편이다.

진노란잠자리 전체가 등갈색을 띠는 것이 노란잠자리와 다른 점이다. 애벌레로 월동하며 타수 산란한다. 여느 잠자리와 달리 수컷보다 암컷이 더 자주 보인다.

날개띠좀잠자리 날개에 띠가 있어서 붙인 이름이다.

날개띠좀잠자리 암컷 성숙해도 노란색을 띤다.

날개띠좀잠자리 암컷 전국적으로 서식하며 7~11월에 보인다. 연결 타수 산란을 한다.

날개띠좀잠자리의 크기를
짐작할 수 있다.

날개띠좀잠자리 미성숙 수컷 성숙해지면 점차 붉은색으로 변한다.

날개띠좀잠자리 수컷

날개띠좀잠자리 성숙 수컷

날개띠좀잠자리 얼굴

날개띠좀잠자리의 크기를 짐작할 수 있다.

날개띠좀잠자리 짝짓기 수면이나 물가 진흙
그리고 모래에 연결 산란하며 알로 월동한다.

대륙좀잠자리 미성숙 수컷 성숙하면 몸이 붉은색으로 변한다. 전국적으로 서식하며 6~10월에 보인다.

대륙좀잠자리 미성숙 수컷 날개 앞 가장자리가 진한 것이 고추   대륙좀잠자리 미성숙 암컷
좀잠자리와 다르다.

대륙좀잠자리 미성숙 암컷

대륙좀잠자리 암컷 고추좀잠자리와 비슷하게 생겼지만 날개 앞 가장자리와 안쪽이 진한 노란색을 띤다.

대륙좀잠자리 성숙 암컷 암수 연결 타수 산란한다.

대륙좀잠자리 애벌레 물속에서 4개월을 산다. 제8,9 배마디에 크고 두꺼운 옆가시가 있으며 제4~8 배마디에 등가시가 있다.

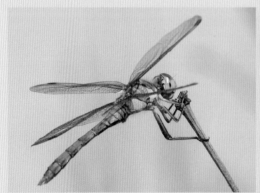

대륙좀잠자리 미성숙 수컷

대륙좀잠자리 성숙 수컷

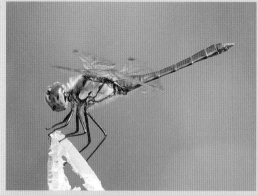

고추좀잠자리 수컷 전국적으로 서식하며 6~11월에 보인다.　고추좀잠자리 암컷 연결 타수 산란을 한다.

고추좀잠자리 성숙 수컷 늦가을까지 볼 수 있다.

고추좀잠자리 미성숙 암컷　　　　　　　　　고추좀잠자리 성숙 암컷

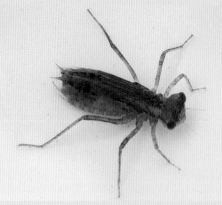

고추좀잠자리 애벌레 물속에서 4개월을 산다. 알로 월동한다. 제8~9 배마디에 뾰족하고 길쭉한 옆가시가 있다.

고추좀잠자리 애벌레 제4~8 배마디에 등가시가 있다.

고추좀잠자리 짝짓기

두점박이좀잠자리 얼굴 이마에 점 두 개가 있어 붙인 이름이다.

두점박이좀잠자리 암컷 수컷과 달리 날개에 깃동 무늬가 있다.

두점박이좀잠자리 수컷 날개에 깃동 무늬가 없다.

두점박이좀잠자리 미성숙 수컷 암컷처럼 노란색이다. 성숙하면 몸이 붉은색으로 변한다.

두점박이좀잠자리 미성숙 수컷

두점박이좀잠자리의 크기를 짐작할 수 있다.

두점박이좀잠자리 성숙 수컷
완전히 성숙해지면 얼굴까지 붉게 변한다.

부성기가 선명하게 보인다.

두점박이좀잠자리 미성숙 암컷

두점박이좀잠자리 성숙 암컷

두점박이좀잠자리 암컷 날개에 있는 깃동 무늬가 선명하게
보인다.

두점박이좀잠자리 암컷 전국적으로 분포하며 6~11월에 보인다.

두점박이좀잠자리 수컷 작은 수로나 연못 등에 앉아 영역 경계 활동을 하며 암컷을 기다린다.

다리는 가늘고 길며 고리 137 무늬가 나타난다.

몸길이는 16mm 내외이며 알로 월동하고 유충기는 약 4개월이다.

배는 타원형이며 가늘고 길다.

머리는 오각형이며 몸 색이 푸른 빛을 띠는 갈색이다.

제4~8 배마디에 등가시가 있으며 옆가시는 제8~9 배마디에 있다.

배 가장자리로 원형의 반점 무늬가 나타난다.

겹눈은 크고 둥글다.

두점박이좀잠자리 애벌레 특징

두점박이좀잠자리 애벌레가 물속에 벗어 놓은 허물

두점박이좀잠자리 짝짓기

두점박이좀잠자리 탈피 허물 등가시가 선명하게 보인다.

깃동잠자리 암컷 이름처럼 날개에 깃동 무늬가 있다.
깃동잠자리 수컷도 날개에 깃동 무늬가 있다.
깃동잠자리 미성숙 수컷 성숙하면 몸 색이 진해진다.
깃동잠자리 성숙 수컷
깃동잠자리 수컷의 얼굴 성숙하면 얼굴도 적갈색으로 변한다.

깃동잠자리 수컷
더위를 피하려고
물구나무서고 있다.

깃동잠자리 물구나무서기

깃동잠자리 성숙 수컷

깃동잠자리 암컷 전국적
으로 분포하며 6~10월에
보인다.

깃동잠자리 암컷

깃동잠자리
암컷 얼굴

깃동잠자리 짝짓기 후 암수가
연결해서 공중 산란을 한다.
이를 타공 산란이라고도 한다.

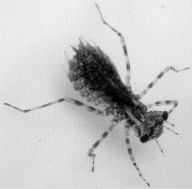

■ 깃동잠자리 애벌레 제8,9 배마디에 긴 옆가시가 있다. 제9 배마디의 옆가시는 하부속기 끝과 비슷하다.
■ 깃동잠자리 애벌레 물속에서 4개월을 산다. 제4~8 배마디에 등가시가 있다.
■ 깃동잠자리 애벌레 제4~8 배마디에 있는 등가시 가운데 날개싹에 가려 제7,8 배마디의 등가시만 보인다.

가운데 옆가슴선이 다리 부위에서 날개까지 굵게 연결되어 있지 않다.

가운데 옆가슴선이 다리 부위에서 날개까지 굵게 연결되어 있다.

들깃동잠자리 가운데 옆가슴선(제1봉측선)의 위치로 깃동잠자리와 구별한다.

깃동잠자리 가운데 옆가슴선(제1봉측선)의 위치로 들깃동잠자리와 구별한다.

들깃동잠자리 전국적으로 서식하며 6~10월에 보인다.

들깃동잠자리 성숙 수컷 암컷이 알을 낳을 때 연결해서 산란을 도와준다. 암컷의 산란법은 공중에서 물에 알을 떨어뜨리는 공중 산란(타공 산란)이다.

옆가슴의 앞쪽 위에 있는 줄무늬는
흰얼굴좀잠자리에게만 있다.

흰얼굴좀잠자리 수컷

흰얼굴좀잠자리 특징

흰얼굴좀잠자리 암수 모두 얼굴이
청백색이라 붙인 이름이다.

흰얼굴좀잠자리 미성숙 암컷

흰얼굴좀잠자리 암컷 전국적으로 서식하며 7~
10월에 보인다. 수컷과 연결 타수 산란을 한다.

흰얼굴좀잠자리 미성숙 암컷의 얼굴
성숙하면 청백색이 더 진해진다.

흰얼굴좀잠자리 성숙 수컷

흰얼굴좀잠자리 미성숙 수컷 애기좀잠자리 미성숙 수컷과 옆가슴 무늬가 다르다.

애기좀잠자리 수컷 전국적으로 서식하며 7~11월에 보인다.

애기좀잠자리 암컷 수컷과 연결 타수 산란을 한다. 알로 월동 한다.

애기좀잠자리 미성숙 암컷 날개돋이 후 날개를 말리고 있다.

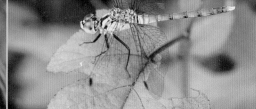

애기좀잠자리 미성숙 수컷 흰얼굴좀잠자리와 비슷하게 생겼지만 옆가슴 무늬가 다르다. 성숙하면 몸이 붉은색으로 변한다.

■ 하나잠자리 수컷 성숙하면 얼굴을 포함해 몸 전체가 붉은색으로 바뀐다.
■ 하나잠자리 성숙 수컷
■ 하나잠자리 중·남부지방에 서식하며 7~9월에 보인다. 연결 타수 산란을 한다.
■ 하나잠자리 암컷 수컷처럼 옆가슴에 넓은 검은색 띠무늬가 있다.
■ 하나잠자리 뒷날개 안쪽이 주황색을 띤다.
■ 하나잠자리 예전에 주로 제주도를 포함해 남부지방에서 살았지만 현재는 포천까지 북방한계선이 올라가고 있다. 기후변화와 관련해서 주목받는 잠자리다.

■ 하나잠자리 1985년 이명철이 제주도에서 채집하여 국내 최초로 발표한 잠자리다.
■ 하나잠자리 암컷 경기도 용인에서 2019년에 만난 개체다.
■ 하나잠자리 수컷 경기도 동탄에서 2020년에 만난 개체다.
■ 하나잠자리 더위를 피하려고 물구나무서고 있다.

긴꼬리고추잠자리 암컷 산란판
이 매우 길어서 여느 잠자리류
와 구별된다. 대마도좀잠자리에
서 1996년 이름이 바뀐 잠자리로
북방계열이다. 6~10월에 보인다.
경기도 시흥에서 관찰한 개체로
암컷이다.

02 하루살이목

하루살이는 잠자리와 함께 고시류에 속합니다. 날개를 겹쳐 접어서 배를 가릴 수 없는 무리이지요. 애벌레 시기를 물속에서 보내는 반수서곤충으로 보통 1~2년간 물속에서 생활하다 아성충 단계를 거쳐 성충이 됩니다.

알에서 부화한 애벌레는 물속에서 보통 10~30번의 허물을 벗고 아성충이 됩니다. 아성충은 더 이상 물속 생활을 하지 않고 물 밖으로 나와 생활합니다. 하지만 아직 몸과 생식기가 갖춰지지 않아 한 번 더 허물을 벗어야 비로소 짝짓기를 할 수 있는 성충이 됩니다.

성충이 되어서도 먹지를 못합니다. 입(구기)이 퇴화했기 때문이죠. 입은 아성충 때 이미 퇴화하여 먹을 수 없습니다. 더듬이는 매우 짧으며 2마디로 이루어져 있습니다. 대부분의 하루살이는 날개가 2쌍으로, 앞날개는 매우 크지만 뒷날개는 작습니다. 수컷은 짝짓기 후에 죽고 암컷도 알을 낳은 후에 죽습니다.

아성충과 성충은 날개 색이 다릅니다. 날개가 불투명하면 아성충이고 투명하면 성충입니다.

아성충에서 허물을 벗으면 성충이 된다.

무늬하루살이 아성충 날개가 불투명한 우윳빛이다.

성충의 암수 구별은 겹눈과 앞다리로 합니다. 같은 종을 비교해 보면 수컷이 암컷보다 앞다리가 훨씬 긴 것을 알 수 있습니다. 짝짓기 때 암컷을 붙잡기 쉽게 진화한 결과로 보입니다. 그리고 겹눈이 서로 붙어 있으면 수컷, 떨어져 있으면 암컷입니다.

무늬하루살이 성충 아성충에서 허물을 한 번 더 벗으면 성충이 된다. 날개가 투명해졌다.

봄처녀하루살이 암컷 겹눈이 서로 떨어져 있다.

봄처녀하루살이 수컷 겹눈이 붙어 있고 앞다리가 길다. 짝짓기할 때 암컷을 잡는 데 유리하다.

애벌레의 생김새는 종에 따라 다양합니다. 물속 생활을 하기 때문에 모두 기관아가미가 있습니다. 이 기관아가미도 나뭇잎 모양, 빗살 모양, 가지 모양, 부채 모양 등 매우 다양합니다. 그리고 꼬리가 2개인 종도 있고 3개인 종도 있습니다.

두갈래하루살이 애벌레 기관아가미가 두 갈래로 갈라져 있다.

부채하루살이 애벌레 기관아가미가 부채 모양이다.

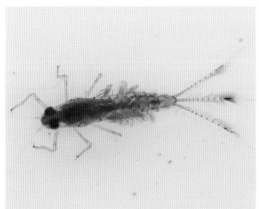

연못하루살이 애벌레 기관아가미가 둥근 나뭇잎 모양이다.

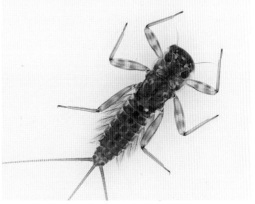

납작하루살이 애벌레 기관아가미가 뾰족한 나뭇잎 모양이다.

다양한 종류의 하루살이 애벌레들

하루살이들 애벌레들

하루살이 애벌레는 물속에서 1차 소비자로, 포식성 곤충의 먹이가 되기 때문에 수(물) 생태계에서 중요합니다. 포식자 곤충을 피해 무사히 애벌레 시기를 넘겼다 해도 모두 성충이 되는 것은 아닙니다.

애벌레에서 허물을 벗고 아성충이 되었을 때가 가장 위험합니다. 개미들이 가만두지 않기 때문이지요. 개미를 피했다고 해도 안심할 순 없습니다. 무시무시한 거미줄이 기다리고 있으니까요. 그래서 암컷은 알을 많이 낳는 전략을 세웠습니다. 보통 1,500~3,000개의 알을 낳는다고 합니다.

개미에게 공격받는
무늬하루살이 아성충

개미에게 사냥된
금빛하루살이 성충

거미줄에 걸린 무늬하루살이들

우리나라에 사는 하루살이는 12개과 80여 종이라고 알려졌습니다.

목명	과명	대표 종
하루살이목	옛하루살이과	옛하루살이
	피라미하루살이과	피라미하루살이, 멧피라미하루살이
	꼬마하루살이과	연못하루살이, 입술하루살이, 개똥하루살이
	빗자루하루살이과	빗자루하루살이
	납작하루살이과	맵시하루살이, 부채하루살이, 봄처녀하루살이, 햇님하루살이(납작하루살이), 두점하루살이, 네점하루살이, 참납작하루살이
	갈래하루살이과	두갈래하루살이, 세갈래하루살이
	강하루살이과	강하루살이, 작은강하루살이
	하루살이과	무늬하루살이, 가는무늬하루살이, 동양하루살이
	흰하루살이과	흰하루살이
	알락하루살이과	알통하루살이, 뿔하루살이, 민하루살이, 먹하루살이, 등줄하루살이
	등딱지하루살이과	등딱지하루살이
	방패하루살이과	방패하루살이

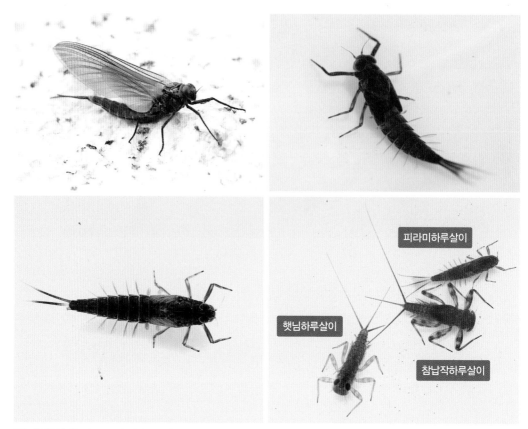

■■ 옛하루살이(옛하루살이과) 암컷 아성충 날개가 불투명해서 아성충이며, 겹눈이 떨어져 있어 암컷이다. 애벌레는 우리나라 전국
　 에 서식하며 평지 하천에서 주로 관찰된다.
■■ 피라미하루살이(피라미하루살이과) 애벌레 깨끗한 산속 계곡에서 관찰된다. 몸길이는 10~20mm이다.
■■ 피라미하루살이 애벌레 냉수성 종으로 산속 계곡 등 서식 범위가 좁다.
■■ 산속 계곡에 서식하는 하루살이 애벌레들 햇님하루살이(납작하루살이), 참납작하루살이, 피라미하루살이

● 꼬마하루살이과

이 과에는 우리 주변에서 대체로 쉽게 볼 수 있는 연못하루살이, 개똥하루살

이, 입술하루살이, 감초하루살이 등이 있습니다. 연못이나 계곡과 마을 하천

이 만나는 곳, 또는 중하류 하천 등에서 물속 관찰을 하면 애벌레는 쉽게 보

이지만, 성충은 관찰하기가 쉽지 않습니다.

■▧ 연못하루살이 애벌레 몸길이는 8~10mm다.
■▧ 연못하루살이 애벌레 종령 애벌레가 되면 날개싹이 부풀고 색도 진하게 변한다.
■▧ 연못하루살이 애벌레 연못 같은 정수지역에서 관찰된다. 꼬리 뒷부분에 진한 고리 무늬가 있다.
▧▧ 연못하루살이 애벌레 나뭇잎 모양의 기관아가미가 있다.

■▧ 감초하루살이 애벌레 몸길이는 7~8mm로 하천에서 가장 많이 발견되는 종이다. 날개싹이 검은색인 것을 보니 종령 애벌레.
▧▧ 입술하루살이 애벌레 나뭇잎 모양의 기관아가미가 있으며 배 윗면에 하얀색 점무늬가 나타난다.

개똥하루살이 종령 유충

개똥하루살이 중령 유충

개똥하루살이 유충

입술하루살이 유충

- 개똥하루살이 애벌레 몸길이가 6~7mm다.
- 개똥하루살이 애벌레 산골짜기 계곡이나 유기물이 있는 하천 하류에서 발견되며 꼬마하루살이 가운데 가장 넓은 지역에서 관찰된다.
- 개똥하루살이와 입술하루살이 애벌레 비교

- 꼬마하루살이류 수컷 성충 개똥하루살이 수컷으로 추정된다.
- 개똥하루살이 수컷 성충(추정) 겹눈이 컵 케이크처럼 생겼다.
- 꼬마하루살이류 수컷 성충 겹눈이 독특하게 생겼다.

● 납작하루살이과

이름 그대로 몸이 납작한 하루살이입니다. 애벌레는 물살이 비교적 센 산골짜기 계곡의 돌 같은 곳에 붙어 삽니다. 깨끗한 계곡에서 관찰할 때 항상 보이는 종이지요. 꼬리는 2개인 개체도 있고 3개인 개체도 있습니다. 맵시하루살이, 부채하루살이, 참납작하루살이, 봄처녀하루살이, 네점하루살이, 햇님하루살이(납작하루살이) 등이 속해 있습니다.

맵시하루살이 애벌레 깨끗한 산속 계곡에서 살며 몸길이는 12~15mm이다.

맵시하루살이 애벌레 꼬리는 2개이며 배마디 위에는 술 모양, 그 아래로는 판 모양의 기관아가미가 있다.

맵시하루살이 애벌레 붉은색 형도 있다.

맵시하루살이 종령 애벌레 날개싹이 검게 변했다.

맵시하루살이(오른쪽)와 피라미하루살이 애벌레

맵시하루살이(왼쪽)와 두점하루살이 애벌레

맵시하루살이 암컷 아성충
한 번 더 허물을 벗어야 성충이 된다.

맵시하루살이 암컷 성충
겹눈이 떨어져 있다.

맵시하루살이 암컷 성충
날개에 독특한 무늬가 있다.

맵시하루살이 수컷 성충
겹눈이 붙어 있다.

맵시하루살이 수컷 성충 날개에 암컷과 같은 무늬가 있다.

맵시하루살이 수컷 성충 밤에 불빛에도 잘 날아온다.

부채하루살이 애벌레 몸길이는 10~14mm로 부채 모양의 기관
아가미가 있다. 꼬리는 2개이며 드넓은 평지 하천에 산다.

부채하루살이 애벌레 기관아가미에
점무늬가 흩어져 있다.

부채하루살이
수컷 성충 제3~7
배마디가 반투명한
하얀색이다.

부채하루살이 암컷 성충

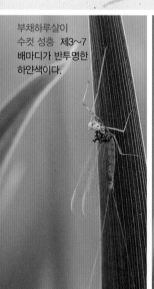

부채하루살이가 허물을 벗고 아성
충에서 성충이 되었다. 수컷이다.

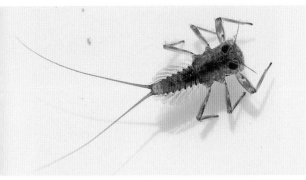

흰부채하루살이 애벌레 몸길이 10∼ 14mm. 꼬리는 2개로 몸길이보다 길다. 부채하루살이 애벌레와 비슷하게 생겼지만 꼬리가 더 길다.

흰부채하루살이 애벌레 아랫면

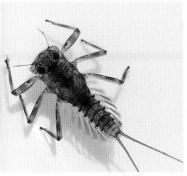

흰부채하루살이 애벌레 부채하루살이와 달리 기관아가미가 나뭇잎 모양이며, 점무늬가 없다.

흰부채하루살이 암컷 아성충 밤에 불빛에 날아온다.

흰부채하루살이 수컷 아성충 날개가 불투명하다.

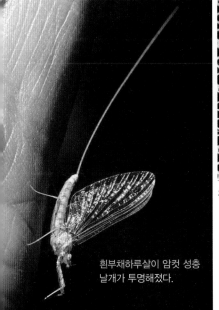

흰부채하루살이 수컷 성체로 추정되는 개체다.

흰부채하루살이 암컷 성충 날개가 투명해졌다.

봄처녀하루살이 수컷 성충 겹눈이 붙어 있다.

봄처녀하루살이 수컷 성충 꼬리가 매우 길다. 꼬리를 펼치며 정지비행을 한다.

아성충에서 허물을 벗고 성충이 되려고 한다.

봄처녀하루살이 암컷(허물벗기) 1.

봄처녀하루살이 암컷(허물벗기) 2.

봄처녀하루살이 암컷(허물벗기) 3.

봄처녀하루살이 암컷 허물을 벗고 날개를 말리고 있다.

봄처녀하루살이 암컷 성충과 그 옆에 벗어놓은 허물(오른쪽)

봄처녀하루살이 암컷 성충 겹눈이 떨어져 있다.

봄처녀하루살이 짝짓기

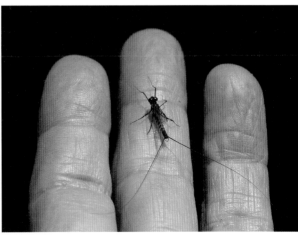

봄처녀하루살이 짝짓기 아래에 있는 작은 개체가 수컷이다.

봄처녀하루살이 수컷 성충 이른 봄에 계곡 주변에서 가장 많이
보이는 하루살이다.

봄처녀하루살이의 크기를 짐작할 수 있다.

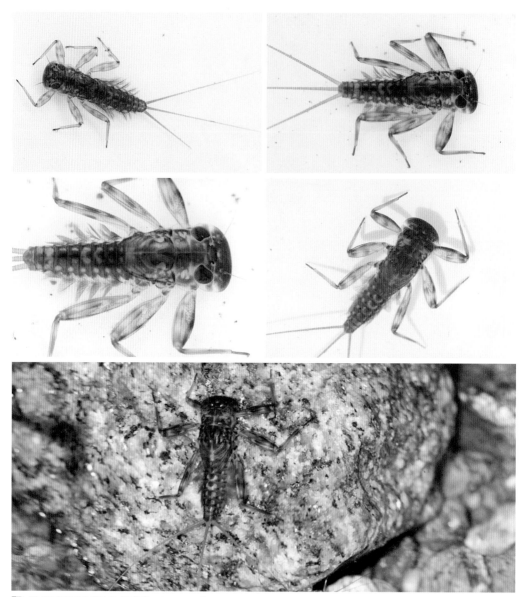

■ 참납작하루살이 애벌레 몸길이는 13~15mm다.
■ 참납작하루살이 애벌레 주로 깨끗한 산속 계곡물에 산다. 꼬리는 3개이다.
■ 참납작하루살이 애벌레 끝이 둥근 나뭇잎 모양과 실 모양의 기관아가미가 함께 있다.
■ 참납작하루살이 애벌레 여느 납작하루살이 애벌레들과 달리 머리에 특별한 무늬가 없다.
■ 참납작하루살이 애벌레 비교적 물살이 센 곳에서 바위, 돌 등에 붙어 산다.

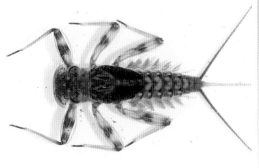

참납작하루살이 종령 애벌레 날개싹이 검게 변했다.

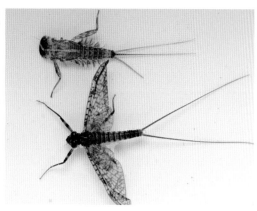

참납작하루살이 애벌레에서 허물을 벗고 아성충이 되었다.

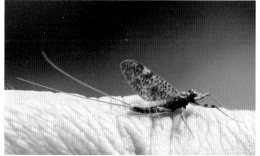

참납작하루살이 수컷 성충 크기를 짐작할 수 있다.

참납작하루살이 수컷 성충 꼬리는 2개이며 겹눈이 붙어 있다. 앞다리는 암컷보다 길다.

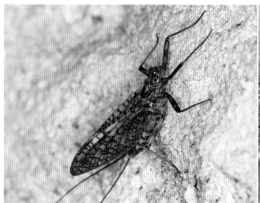

참납작하루살이 암컷 성충 겹눈이 떨어져 있다. 날개에 점무늬가 흩어져 있고 배 옆에 짙은 색의 삼각형 무늬가 나타난다.

- 두점하루살이 애벌레　몸길이는 5∼8mm로 산속 계곡이나 평지 하천에서 산다.
- 두점하루살이 애벌레　머리 앞쪽 가장자리에 밝은 점 2개가 있어 붙인 이름이다.
- 맵시하루살이와 두점하루살이 애벌레 비교
- 두점하루살이 종령 애벌레　날개싹이 검은색으로 변했다. 꼬리는 3개이며 몸에 밝은 무늬가 있다.

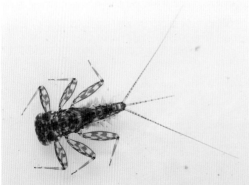

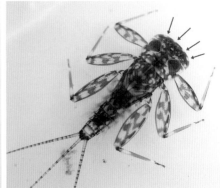

- 네점하루살이 애벌레　몸길이가 8∼12mm다. 산속 계곡이나 평지 하천에 산다.
- 네점하루살이 애벌레　머리 앞쪽 가장자리에 밝은 점 4개가 있다.
- 네점하루살이 종령 애벌레　날개싹이 검게 변했다. 실 모양과 나뭇잎 모양의 기관아가미가 있다.

네점하루살이 암컷 성충 겹눈이 떨어져 있다.

네점하루살이 수컷 성충 겹눈이 붙어 있다.

네점하루살이 암컷 성충 꼬리는 2개이며 배에 고리 무늬가 있다. 날개에도 줄무늬가 나타난다.

네점하루살이 수컷 성충 날개에 갈색 줄무늬가 있다. 주로 봄에 관찰된다.

네점하루살이 암컷 아성충 날개가 불투명하다.

네점하루살이 수컷 아성충 날개가 우윳빛으로 불투명하다.

막 허물을 벗은 네점하루살이 수컷 옆에 허물이 보인다.

네점하루살이 수컷 아성충에서 허물을 벗고 성충이 되었다.

납작하루살과에 속하는 햇님하루살이는 자료에 따라 햇살하루살이나 납작하루살이로 표기하기도 합니다. 이 책에는『하천생태계와 담수무척추동물』(김명철, 천승필, 이존국, 2013, 지오북)과 '2018 국가생물종목록'에 따라 햇님하루살이로 표기합니다.

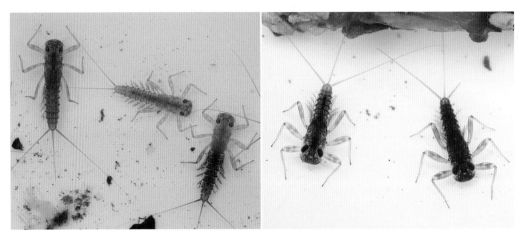

햇님하루살이 애벌레 몸길이는 9〜12mm다. 깨끗한 산속 계곡물에서 관찰되며 참납작하루살이와 서식지가 겹친다.

햇님하루살이 애벌레 나뭇잎 모양의 기관아가미가 있고 꼬리는 3개이다. 참납작하루살이와 겹눈의 모양, 배 윗면의 무늬 등으로 구별한다.

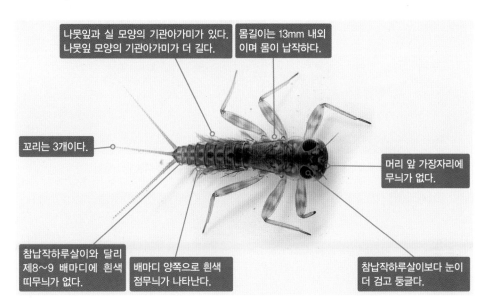

나뭇잎과 실 모양의 기관아가미가 있다. 나뭇잎 모양의 기관아가미가 더 길다.

몸길이는 13mm 내외이며 몸이 납작하다.

꼬리는 3개이다.

머리 앞 가장자리에 무늬가 없다.

참납작하루살이와 달리 제8~9 배마디에 흰색 띠무늬가 없다.

배마디 양쪽으로 흰색 점무늬가 나타난다.

참납작하루살이보다 눈이 더 검고 둥글다.

햇님하루살이 애벌레 특징

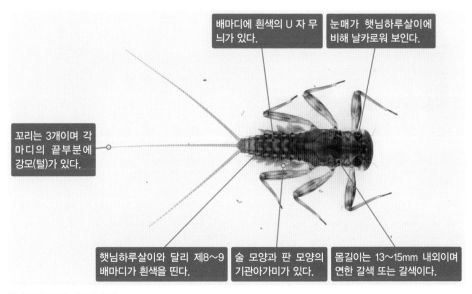

배마디에 흰색의 U 자 무늬가 있다.

눈매가 햇님하루살이에 비해 날카로워 보인다.

꼬리는 3개이며 각 마디의 끝부분에 강모(털)가 있다.

햇님하루살이와 달리 제8~9 배마디가 흰색을 띤다.

술 모양과 판 모양의 기관아가미가 있다.

몸길이는 13~15mm 내외이며 연한 갈색 또는 갈색이다.

참납작하루살이 애벌레 특징

햇님하루살이 수컷 성충 꼬리가 매우 길다.

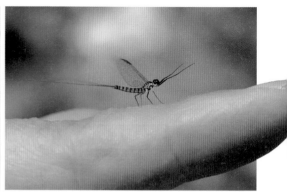

햇님하루살이 수컷의 크기를 짐작할 수 있다.

햇님하루살이 수컷 암컷보다 겹눈이 크고 앞다리도 길다.

햇님하루살이 수컷 성충 황갈색의 배는 길쭉하며 흑갈색의 삼각형 무늬가 나타난다. 주로 5월에 많이 보인다.

햇님하루살이 수컷의 긴 꼬리 정지비행을 할 때 유용하다.

햇님하루살이 수컷 아성충 아직 날개가 불투명하다.

햇님하루살이 암컷 아성충 날개가 불투명하다.

햇님하루살이 암컷 아성충

햇님하루살이 암컷 성충 날개가 투명해졌다.

● 갈래하루살이과

두갈래하루살이 애벌레 물살이 빠른 하천에서부터 큰 하천까지 다양한 시냇물에 서식한다.

두갈래하루살이 애벌레 몸길이는 8~10mm다. 기관아가미 끝이 두 갈래로 갈라져 있어 붙인 이름이다.

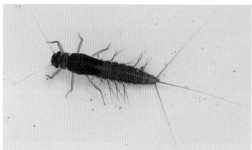

두갈래하루살이 종령 애벌레 날개싹이 검게 변했다.

두갈래하루살이 암컷 아성충 봄부터 보인다. 아직 날개가 불투명하다.

두갈래하루살이의 크기를 짐작할 수 있다.

두갈래하루살이 성충 수컷 커다란 겹눈이 붙어 있으며 앞다리가 암컷보다 길다.

두갈래하루살이 수컷 성충 꼬리는 3개이며 흑갈색 배에 황갈색 고리 무늬가 나타난다.

여러갈래하루살이 애벌레 몸길이는 8~10mm다.

여러갈래하루살이 애벌레 두갈래하루살이 애벌레와 비슷하게 생겼지만 기관아가미가 여러 갈래로 나누어져 있다. 기관아가미가 많이 떨어져 나갔다.

강하루살이 애벌레
몸길이는 17~28mm다.
큰 하천이나 강에 주로 서식한다.

큰턱돌기가 매우 길게 튀어나왔다.

앞다리가 매우 길며 기관아가미가 깃털 모양이다.

강하루살이 성충 꼬리를 제외한 몸길이는 20mm 정도다. 날개에 붉은색 얼룩무늬가 나타난다.

작은강하루살이 애벌레 몸길이는 7~12mm다. 큰 하천이나 강에서 관찰된다.
큰턱돌기가 짧은 것이 강하루살이와 차이점이다. 기관아가미는 깃털 모양이다.

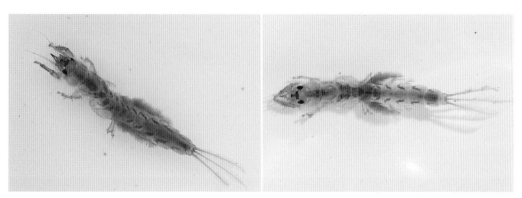

가는무늬하루살이 애벌레 몸길이는 18~22mm다. 깨끗한 산속 계곡에서 산다. 배 윗면의 무늬가 무늬하루살이나 동양하루살이와 다르다. 꼬리는 3개다.

가는무늬하루살이 탈피 허물

가는무늬하루살이 성충 날개 중앙에 암갈색의 가로줄 무늬가 있다. 배의 무늬가 무늬하루살이보다 가늘다.

무늬하루살이 애벌레 몸길이는 18~22mm다. 산속 시냇물에서 물 흐름이 느린 물가의 모래가 쌓인 곳에서 관찰된다. 배 윗면에 있는 세로줄 무늬가 굵어 가는무늬하루살이나 동양하루살이와 구별된다.

무늬하루살이 애벌레 탈피 허물 애벌레는 물속에서 허물을 벗 무늬하루살이 종령 애벌레 날개싹이 검은색으로 변했다.
으며 성장한다.

무늬하루살이 암컷 아성충 날개가 불투명하다.

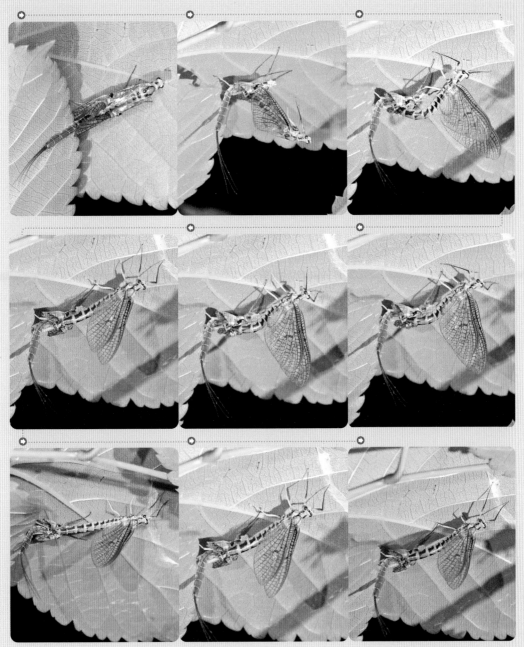

무늬하루살이 허물벗기

무늬하루살이 아성충이 허물을 벗고 성충이 되려고 한다.

무늬하루살이 성충과 아성충 탈피 허물

무늬하루살이 성충 수컷 암컷보다 앞다리가 길다. 전국에 서식하는 종이다.

동양하루살이 애벌레 몸길이는 18∼22mm다. 평지 하천에서 주로 관찰된다. 배 윗면의 무늬가 무늬하루살이나 가는무늬하루살이와 다르다.

동양하루살이 종령 애벌레 날개싹이 검은색이다.

동양하루살이 암컷 아성충 날개가 불투명하다.

물속 생활을 끝내고 막 아성충 단계에 들어선 동양하루살이

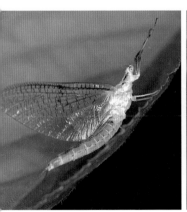

동양하루살이 암컷 성충 날개가 투명해졌다.

동양하루살이 수컷 성충 날개가 투명하다. 암컷보다 겹눈이 크고 앞다리가 길다.

● 알락하루살이과

뿔하루살이 애벌레 몸길이는 20∼25mm다. 깨끗한 산간 계곡의 여울에서 관찰된다. 우리나라 고유종이며 성충은 봄부터 여름까지 관찰된다. 머리에 뿔 모양의 돌기가 5개 있으며 앞다리의 넓적다리마디 앞쪽에 톱니 모양 돌기가 8∼10개 있다.

뿔하루살이 아성충 날개가 불투명하다.

뿔하루살이 성충 날개가 투명하다.

민하루살이 애벌레 몸길이는 10∼15mm다. 깨끗한 산골짜기 여울에서 보인다.

배 윗면에 독특한 줄무늬가 나타난다.

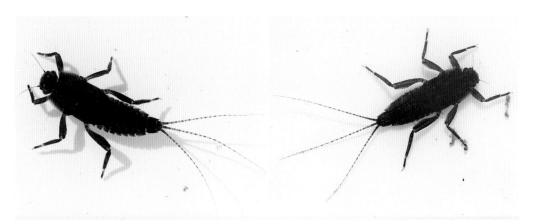

먹하루살이 애벌레 몸길이 10~15mm, 깨끗한 산골짜기 여울에서 관찰된다. 민하루살이와 닮았지만 몸이 전체적으로 검은색이다.

알락하루살이 애벌레 몸길이 9~10mm, 깨끗한 산골짜기 시냇물과 평지 하천에서 발견된다. 배 윗면에 하얀색 무늬가 있다.

등줄하루살이 애벌레 몸길이는 7~10mm
다. 물 흐름이 있는 평지 하천에서 주로 관
찰된다.

등줄하루살이 암컷 성충 겹눈이 떨어져 있다. 　　　　　　등줄하루살이 수컷 성충 빨간색 겹눈이 매우 크며 서로 붙어 있다.

가끔 하루살이와 깔따구를 혼동하기도 하는데 하루살이는 하루살이목에 속하고 깔따구는 파리목에 속한다.

03
귀뚜라미붙이목

귀뚜라미붙이목은 곤충강 외시류 메뚜기군에 속하는 곤충으로, 이전에는 갈르와벌레목(또는 갈로와벌레목)이라고 불렀습니다. 몸이 가늘고 길쭉하며 여느 곤충들과 달리 날개가 없습니다.

대부분 동굴이나 돌 밑, 썩은 나무 속이나 썩은 잎 밑에서 생활하는 종으로, 빛이 없는 곳에서 생활하기에 몸은 흰색이거나 회색빛이 도는 갈색입니다.

겹눈은 없거나 퇴화했으며 더듬이는 실 모양입니다. 배 끝에 긴 꼬리털이 있고 되새김 방식으로 먹이를 먹습니다. 우리나라에는 9종 이상이 산다고 알려졌습니다.

우리나라에 사는 귀뚜라미붙이목의 곤충은 다음과 같습니다.
- 고수귀뚜라미붙이 = 고수갈르와벌레(*Galloisiana kosuensis* Namkung, 1974)
- 백두귀뚜라미붙이 = 백두갈르와벌레(*Galloisiana sinensis* Wang, 1987)
- 묘향귀뚜라미붙이 = 묘향갈르와벌레(*Galloisiana sofiae* Szeptycki, 1987)

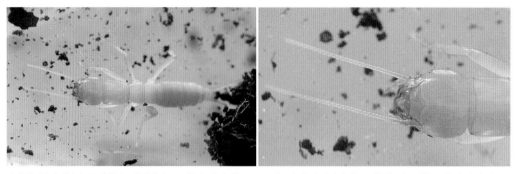

오대산귀뚜라미붙이 오대산갈르와벌레라고도 한다. 몸길이는 3mm 정도다. 우리나라에서는 묘향산, 백두산을 포함해 여섯 번째로 발견된 귀뚜라미붙이다. 2005년 처음으로 관찰되었다. 더듬이가 구슬을 꿰어놓은 듯하다.

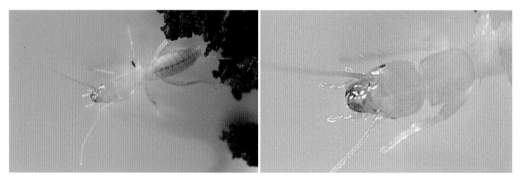

오대산귀뚜라미붙이 다른 귀뚜라미붙이는 보통 눈雪의 표면이나 동굴, 늪지대 등에서 사는데 이 종은 돌 틈이나 썩은 나무가 있는 육상에서 서식한다고 알려졌다. 여느 귀뚜라미붙이와는 달리 눈이 퇴화하지 않았다.

- 오대산귀뚜라미붙이 = 오대산갈르아벌레(*Galloisiana odaesanensis* Kim & Lee, 2007)

- 노동귀뚜라미붙이 = 노동갈르아벌레(*Grylloblatta nodongensis* Kim & Choi, 2012)

- 예봉귀뚜라미붙이 = 예봉갈르아벌레(*Galloisiana yebongsanensis*)

- 비룡귀뚜라미붙이 = 비룡갈르와벌레(*Namkungia biryongensis* Namkung, 1974)

- 동대귀뚜라미붙이 = 동대갈르와벌레 (*Namkungia magnus* Namkung, 1986)

- *Grylloblattina djakonovi djakonovi* Bei-Bienko, 1951

04

바퀴목

바퀴아목

곤충강 유시아강 신시류 외시류 메뚜기군 바퀴목에 속하는 곤충으로 왕바퀴
과와 바퀴과, 갑옷바퀴과의 3과에 10여 종이 있습니다.

약 3억 5천만 년 전에 나타난 뒤 지금까지 형태에 큰 변화가 없이 번성한
매우 오래된 곤충 무리입니다. 크기가 다양한 바퀴 무리는 몸이 납작하고 더
듬이가 길며 대부분 날개가 발달해 빠르게 날 수 있습니다.

안갖춘탈바꿈을 하며 암컷은 배 끝에 알주머니를 달고 다니다가 적당한
장소에 떨어뜨립니다. 종에 따라 애벌레 시기는 1~2개월이며 성충은 3개월
에서 1년 정도 산다고 합니다.

바퀴목	바퀴아목	왕바퀴과 – 집바퀴, 왕바퀴 등
		바퀴과 – 산바퀴 등
		갑옷바퀴과 – 갑옷바퀴
	사마귀아목	사마귀, 왕사마귀, 좀사마귀, 넓적배사마귀 등
	흰개미아목	흰개미

- 집바퀴(왕바퀴과) 몸길이는 20~25mm다. 수컷은 날개가 배 끝을 넘고 암컷은 날개가 배 절반 정도밖에 미치지 않는다.
- 집바퀴 날개 끝이 넓고 둥글며, 앞가슴등판이 편평하지 않고 요철이 있어 먹바퀴 수컷과 구별할 수 있다.
- 집바퀴 암컷 배 끝에 알집(난협)을 달고 있다.
- 집바퀴 약충 날개가 아직 자라지 않았다.
- 집바퀴 약충 주택가뿐만 아니라 생태공원이나 도시 근교 야산에서도 보인다.
- 집바퀴 허물 집바퀴는 번데기 시기 없이 허물을 벗으며 성장하는 외시류에 속한다.

산바퀴 몸길이는 11~15mm다. 이른 봄부터 늦가을까지 보인다. 앞가슴등판에 진한 세로줄 무늬가 한 쌍 있다.

산바퀴 산에 살며 집에는 들어오지 않는다. 나도수정난풀의 열매를 먹고 이동해 배설하여 씨앗을 퍼뜨린다고 한다.

나도수정난풀(나도수정초) 광합성을 못 하고 썩은 생물에서 양분을 취하는 부생식물이다.

산바퀴 탈피 직후의 모습 번데기 없이 허물을 벗으면서 성장하는 외시류에 속한다. 허물을 벗은 직후는 몸이 하얀색이다. 아직 제대로 몸 색이 나타나지 않았다.

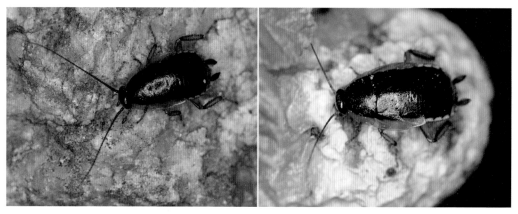

산바퀴 약충 낮과 밤에 다 볼 수 있다. 전국적으로 분포하며 한국 고유종이다. 약충 상태로 월동한다.

● 갑옷바퀴과

이 과에 속하는 갑옷바퀴는 계방산에서 처음 발견된 우리나라 고유종으로, 새끼들과 무리를 이루는 곤충으로 유명합니다. 썩은 나무를 먹기 때문에 흰개미처럼 장 속에 나무의 섬유질을 분해하는 원생생물이 있습니다.

하지만 새끼들은 이 원생생물이 없어 어미가 일정 기간 돌보면서 새끼들에게 먹이와 함께 원생생물을 먹인다고 합니다. 수유 행동의 일종이라고 할

갑옷바퀴

수 있지요. 새끼들은 어미에게 하루에 두세 번씩 배와 다리의 연결 부위에서 분비되는 점액을 받아먹습니다. 이 때문에 젖먹이 곤충이라는 별명으로 불리기도 합니다.

애벌레 시기는 4~5년이며 성충이 되어서도 약 3년 더 삽니다. 갑옷바퀴의 독특한 점은 일생 동안 한 번 번식한다는 겁니다. 암컷은 2~4개 알집을 단한 번만 만들고, 그 알집에서 태어난 새끼들을 3년가량 돌보다가 죽는다고 하니, 모성애가 강한 대표적인 곤충이라 할 수 있습니다.

사마귀아목

사마귀 무리는 바퀴, 흰개미와 함께 바퀴목에 속하는 외시류 메뚜기군에 속합니다. 예전에는 바퀴목, 사마귀목, 흰개미목이 각각 '목' 단위로 독립되었지만, 현재는 바퀴목에 3개의 아목, 즉 바퀴아목, 사마귀아목, 흰개미아목으로 분류합니다. 이에 따라 사마귀는 바퀴목-사마귀아목-사마귀과-사마귀로 분류됩니다.

바퀴, 사마귀, 흰개미의 공통점은 무엇일까요? 먼저 날개 모양이 비슷합니다. 이들의 날개는 그물처럼 얇고 투명하여 망시網翅라고 하는데, 이 세 곤충 무리를 망시목網翅目이라고 부르는 이유이기도 합니다. 또 다른 공통점은 알집을 만드는 것입니다(우리나라에는 없지만 외국의 흰개미 중에 알집을 만드는 종이 있습니다). 따라서 이 세 무리를 알집을 만드는 곤충이라는 뜻으로 '난협목'이라고도 합니다.

사마귀는 여느 곤충과 마찬가지로 머리, 가슴, 배 부분으로 이루어져 있

낮에 본 왕사마귀 겹눈은 초록색이다.   밤에 본 왕사마귀 겹눈은 검은색이다.

사마귀 앞날개

사마귀 뒷날개

사마귀 앞날개(겉날개)와 뒷날개(속날개)

살짝 건드리자 날개를 펴고 있다. 앞뒤 날개가 다 보인다.

고, 겹눈은 2개, 홑눈이 3개 있습니다. 겹눈은 낮에는 초록색이지만 어두워지면 검은색으로 바뀝니다.

더듬이는 길지도 않고 짧지도 않은 중간 형태입니다. 하늘소나 베짱이처럼 길지는 않지만 그렇다고 잠자리나 말벌처럼 짧지도 않습니다.

낮과 밤 모두 활동성이 뛰어나며, 육식성으로 씹어 먹는 입(입틀)입니다.

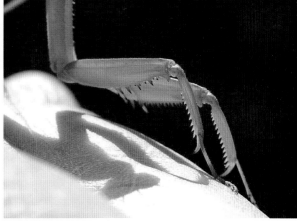

사냥하기에 적합한 사마귀의 앞다리   사마귀 앞다리에 가시 돌기가 많이 나 있다.

앞다리에는 날카로운 톱니가 있는데 먹이를 잡을 때 사용합니다. 가운뎃다리와 뒷다리는 주로 이동할 때 사용하고요. 보통 일곱 번의 허물을 벗은 뒤 성충이 된다고 알려졌습니다.

애벌레 때는 주변 환경에 따라 몸 색이 변하지만 성충이 되면 변하지 않는다고 합니다.

암컷과 수컷은 배마디 수가 달라 암컷은 6마디, 수컷은 8마디로 이루어져 있습니다. 암컷은 배 끝이 뾰족하고, 수컷은 둥그스름합니다.

사마귀는 알집 상태로 겨울을 나며 알에서 깨어나면 전前 애벌레 상태로, 허물을 벗을 때마다 1령, 2령…… 7령을 거쳐 애벌레가 됩니다. 거꾸로 매달려 날개돋이를 하며, 짝짓기 후 수컷은 죽고 암컷도 알을 낳은 뒤 죽습니다.

애벌레나 성충으로는 월동하지 못하고 알집에서 알 상태로 겨울을 납니다. 암컷은 보통 1~3개의 알집을 만들며, 각 알집에 알이 200~300개 들어 있다고 합니다. 산란관에서 흰 거품을 내어 그 속에 알을 낳는데, 산란관이 움직일 때마다 주름이 생깁니다.

사마귀 암컷　배마디가 6마디다(넓적배사마귀 암컷).

왕사마귀 암컷　배마디가 6마디다.

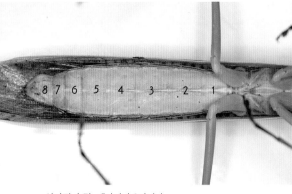

사마귀 수컷　배마디가 8마디다.

사마귀 수컷 배마디

사마귀 산란 2차 산란이다. 위로 먼저 낳은 알집이 보인다.

사마귀 알집 산란 뒤 하루가 지나자 알집 색이 변했다.

사마귀 산란 거품에 싸인 알을 낳는다.

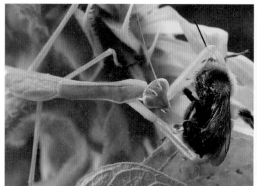

사마귀 약충의 뒤영벌 사냥

사마귀 약충의 메뚜기 사냥

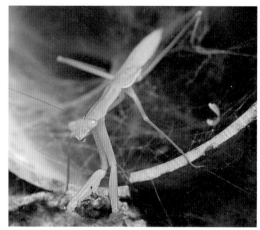

사마귀 약충의 거미 사냥

사마귀의 노린재 사냥

번데기를 만들지 않는 곤충 가운데 씹어 먹는 입틀이 있는 곤충 무리를 메뚜기군, 빨아 먹는 입틀이 있는 곤충 무리를 노린재군이라고 하는데, 사마귀는 전형적인 메뚜기군의 곤충으로

왕사마귀의 폭탄먼지벌레 사냥

왕사마귀가 폭탄먼지벌레를 먹고 있다.

뛰어난 사냥꾼입니다.

다양한 곤충뿐만 아니라 거미도 사냥하며 심지어 폭탄먼지벌레까지도 씹어 먹습니다. 폭탄먼지벌레가 독가스를 발사하기 전에 재빨리 공격해 씹어 먹는 것으로 보입니다.

사마귀는 번데기를 만들지 않는 안갖춘탈바꿈으로 허물을 벗으면서 성장합니다. 허물을 벗을 때마다 날개가 자란 것이 보입니다. 이 때문에 사마귀 같

막 허물을 벗은 사마귀 약충

왕사마귀 허물벗기

은 곤충 무리를 외시류라고 합니다. 허물벗기는 주로 밤에 이루어지는데 천
적의 눈을 피하기 위함이겠지요. 하지만 개미 같은 작은 곤충의 공격을 받아
허물벗기에 실패할 수도 있습니다.

사마귀 허물 허물을 먹지 않고 그대로 둔다.

허물 벗는 왕사마귀를 개미들이 공격하고 있다.

벗은 허물은 그대로 걸어둡니다. 자기 허물을 먹는 대벌레 같은 곤충과는 달리 사마귀는 허물을 그대로 두기 때문에 낮에도 우리 눈에 잘 띕니다.

여느 곤충과 마찬가지로 사마귀도 천적이 있습니다. 자기보다 강한 곤충이나 거미에게 잡아먹히죠. 알 상태에서 기생되기도 하는데 대표적인 사마귀 천적으로는 사마귀기생벌과 사마귀수시렁이가 알려졌습니다.

그리고 소리 없이 침입해 서서히 목숨을 앗아가는 백강균이라는 균도 사마귀의 대표적인 천적입니다. 백강균에 감염된 사마귀는 서서히 죽어가면서 몸이 점차 미라처럼 변합니다. 숲에 가면 이렇듯 미라처럼 변한 사마귀 사체를 볼 수 있습니다.

백강균에 감염된 사마귀 백강균에 감염되면 몸이 미라처럼 변한다.

백강균에 감염된 좀사마귀 앞다리 안쪽의 독특한 무늬로 좀사마귀임을 알 수 있다.

넓적배사마귀 알집에 알을 낳는 기생벌

사마귀수시렁이에게 기생된 사마귀 알집 내부 사마귀수시렁이 번데기가 보인다.

사마귀 알집에서 발견된 사마귀수시렁이 애벌레

찻길 사고를 당한 왕사마귀

찻길 사고를 당한 왕사마귀의 알

부상 당한 왕사마귀 알이 배 밖으로 나왔다.

그러나 사마귀의 가장 큰 천적은 사람입니다. 요즘은 산 입구까지 도로가 생기다 보니 가끔 차에 치여 부상을 당하거나 죽은 사마귀를 보게 됩니다. 특히 가을철에는 알을 잔뜩 품은 사마귀 암컷이 행동이 느릴 수밖에 없어 사고를 많이 당하기도 합니다.

우리나라에는 보통 8종의 사마귀가 산다고 알려졌는데, 아직 논란이 있는 종이 있어 보통 7종으로 구분합니다. 왕사마귀, 사마귀, 넓적배사마귀, 항라사마귀, 좀사마귀, 애기사마귀, 좁쌀사마귀(왜좀사마귀)가 그들입니다.

자료를 찾아보면 가끔 민무늬좀사마귀라는 사마귀 종이 눈에 띄는데, 이 사마귀를 좀사마귀 녹색형으로 보기도 하고 동남아시아에 사는 사마귀로 우리나라에는 서식하지 않는다고도 하여 논란이 되고 있습니다. 이런 이유로 우리나라에 사는 사마귀를 7종으로 봅니다.

이 책에서는 2018년 우리나라 미기록종으로 보고된 붉은긴가슴넓적배사마귀에 대한 정보는 다루지 않았습니다. 붉은긴가슴넓적배사마귀는 최근 국내에 정착한 외래종으로 의심되는 사마귀로, 2018년 9월 전라북도 완주에서 발견되어 신종으로 등록된 사마귀입니다. 현재 여러 곳에서 발견되고 있지만, 정확한 자료가 부족하여 여기에서는 이름만 올리는 것으로 대신합니다.

왕사마귀와 사마귀는 크기와 생김새가 비슷하여 종종 혼동을 일으킵니다. 뒷날개를 펼쳤을 때의 색으로 구별하기도 하지만, 좀 더 쉬운 구별법은 앞가슴 사이의 색입니다. 이 부분이 노란색이면 왕사마귀, 주황색이면 사마귀입니다. 둘 다 사마귀 집안의 대표적인 사냥꾼으로 알집 상태로 월동하며 보통 7번 정도의 허물을 벗은 뒤 성충이 됩니다.

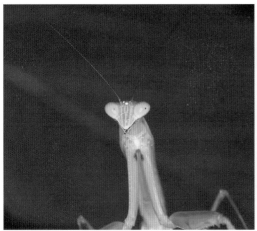

왕사마귀 앞다리 기부가 노란색이다.

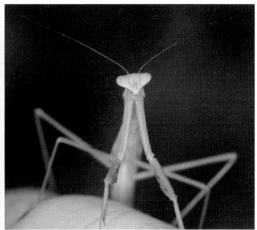

사마귀 앞다리 기부가 주황색이다.

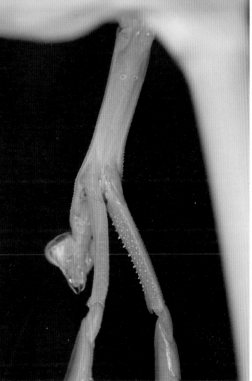

밤에 본 사마귀 앞다리 기부 사이가 주황색이다.

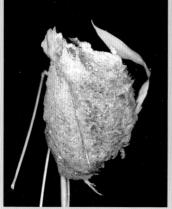

왕사마귀 알집(03. 04.)

왕사마귀 알집(11. 01.)

왕사마귀 알집(03. 16.)

왕사마귀 알집(11. 08.)

왕사마귀 알집 2개를 붙여 만들었다.(03. 26.)

왕사마귀 알집 내부(05. 08.)

알집에서 .나오는 왕사마귀(06. 13.)

왕사마귀

왕사마귀

왕사마귀 약충

왕사마귀 약충(07. 07.)

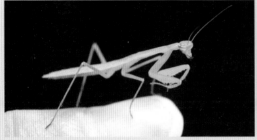

왕사마귀 약충(06. 01.)

왕사마귀 약충(07. 26.)

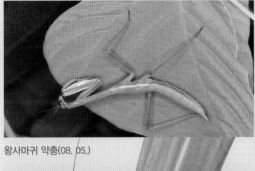

왕사마귀 약충(08. 05.)

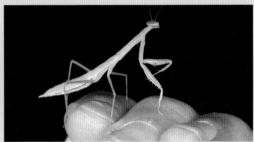

왕사마귀 약충(07. 05.)

왕사마귀 약충(07. 13.)

왕사마귀 약충(08. 01.)

왕사마귀 약충(08.07.)

밤에 본 왕사마귀(08. 27.)

왕사마귀 암수(09. 02.)

왕사마귀 수컷(08. 05.)

왕사마귀 암수(09. 18.)

왕사마귀 암컷(09. 18.)

사마귀 알집(05. 13.)

사마귀 알집(05. 13.)

사마귀 알집의 크기를 짐작할 수 있다.

사마귀 알집(05. 31.)

사마귀 알집(10. 23.)

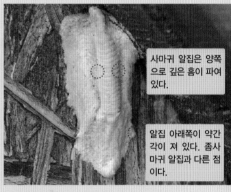

사마귀 알집

사마귀 알집은 양쪽으로 깊은 홈이 파여 있다.

알집 아래쪽이 약간 각이 져 있다. 좀사마귀 알집과 다른 점이다.

집에서 나오기(06. 27.)

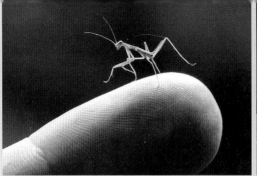

사마귀 약충(05. 13.)

사마귀 약충(06. 12.)

사마귀(08. 22.)

사마귀 성충(09. 10.)

사마귀 암컷(10. 15.)

사마귀 수컷(09. 03.)

사마귀 암컷(10. 11.)

밤에 본 사마귀(09. 04.)

넓적배사마귀는 원래 남부지방에 살았는데 요즘은 중부지방까지 서식지가 넓어졌습니다. 이 서식지의 확대가 기후변화와 관련 있어 주목받고 있는 사마귀이지요. 왕사마귀나 사마귀보다 몸이 짧고 뭉툭하며 오동통합니다. 겉 날개에 미색 반점이 한 쌍 있고, 앞다리 밑마디에 노란색 돌기가 3쌍 있어 다른 종과 구별하기 쉽습니다.

대부분 녹색형이지만 가끔 갈색형도 보입니다. 알집은 꼬리 같은 돌기가 있어 다른 사마귀 종의 알집과 구별됩니다. 색도 다르고요. 암컷은 가을이 되면 짝짓기 후 알집을 만듭니다. 사마귀는 짝짓기 후 수컷을 잡아먹는다고 알려졌는데 꼭 그렇지만은 않습니다.

한 연구 결과에 따르면 암컷의 성숙도나 짝짓기 횟수와 관련이 있다고 하

넓적배사마귀 알집(09. 13.)

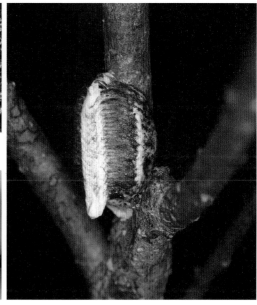

넓적배사마귀 알집(11. 24.)

넓적배사마귀 알집(11. 27.)

(06. 29.)

알집에서 나오는 넓적배사마귀

며, 평균 25퍼센트의 수컷이 짝짓기 후 또는 짝짓기 도중에 암컷에게 잡아먹
힌다고 합니다. 이때 암컷은 수컷의 머리부터 먹기 시작하는데 머리가 없는
상태에서도 짝짓기 행동은 계속할 수 있습니다. 곤충의 몸은 우리와 달리 신
경절로 연결되어 있어 가능한 일입니다.

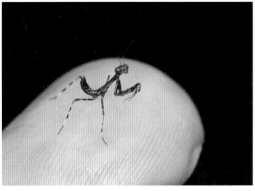

넓적배사마귀 약충 배를 위로 올리는 특징이 있다.(06. 16.)

넓적배사마귀 약충(06. 29.)

넓적배사마귀 약충(07. 03.)

넓적배사마귀 약충(08. 16.)

넓적배사마귀 약충(08. 27.)

넓적배사마귀 약충(08. 27.)

넓적배사마귀 약충(09. 11.)

넓적배사마귀 갈색형(08. 20.)

밤에 본 넓적배사마귀 갈색형(08. 20.)

넓적배사마귀(10. 02.)

넓적배사마귀
(10. 15.)

넓적배사마귀 짝짓기 암컷이 짝짓기 도중 수컷의 머리를 먹고 있다.(09. 11.)

날개돋이 직후의 넓적배사마귀 앞날개도 그물형(망시형)이다.

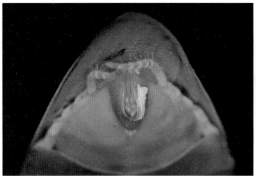

넓적배사마귀 암컷 산란관 주변으로 거품이 살짝 보인다. 이곳에서 산란하지는 않았다.

겉날개에 하얀색 점이 있다.

넓적배사마귀는 앞다리 밑마디에 3개의 황색 돌기가 있다.

넓적배사마귀 특징

좀사마귀는 우리나라 전 지역에 사는 종으로 길이에 비해 몸이 가늘어 보입니다. 다리 안쪽에 독특한 무늬가 있어 구별하기가 대체로 쉽습니다. 주로 갈색형이 많이 보이지만 드물게 녹색형도 보이는데 이 녹색형 좀사마귀를 한때 민무늬좀사마귀라고 부른 적도 있어 종종 혼동을 일으킵니다. 현재 민무늬좀사마귀는 국내에 서식하지 않는 종으로 여겨지므로 이 종을 좀사마귀 녹색형으로 부릅니다. 주로 8월에서 10월 사이에 성충을 볼 수 있습니다. 알집은 사마귀처럼 가늘지만 홈이 깊게 파여 있지 않고 둥그스름합니다. 왕사마귀나 사마귀 알집보다 가늘고 작은 편이지만 주로 남쪽에 사는 애기사마귀 알집보다는 큽니다.

좀사마귀 알집(11. 06.)

좀사마귀 알집(04. 08.)

좀사마귀 알집(12. 24.)

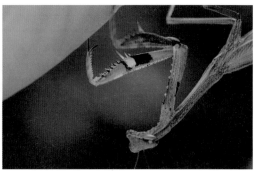

좀사마귀 다리 안쪽에 독특한 무늬가 있다.(09. 09.)

좀사마귀(09. 24.)

좀사마귀(10. 20.)

좀사마귀가 산란하고 있다(11. 23.)

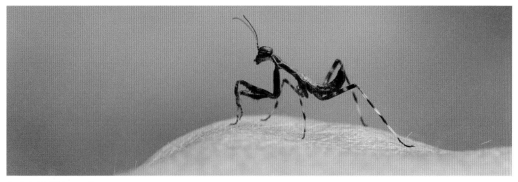

좀사마귀 약충(07. 05.)

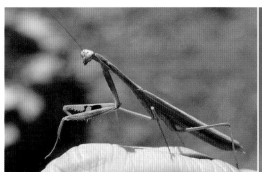

좀사마귀 수컷(10. 11.)

좀사마귀 암컷(10. 18.)   좀사마귀 녹색형(11. 03.)

애기사마귀 겹눈에 소용돌이 같은 무늬가 나타난다.

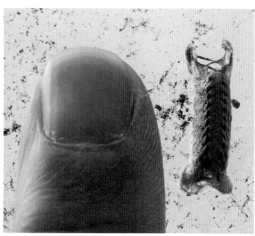

애기사마귀 알집(03. 01.)

애기사마귀 주로 남부지방에 서식하며 애벌레는 7~8월, 성충은 8~10월에 볼 수 있다.

애기사마귀 몸길이는 수컷 25~33mm, 암컷 25~36mm의 작은 사마귀로 사람이나 천적에게 잡히면 죽은 척하는 특징이 있다. 크기를 짐작할 수 있다.

항라사마귀는 이름도 이름이지만 생김새로 사람들에게 관심을 받고 있습니다. 남부지방과 경기 일부 등 서식지가 제한적이라 개체 수가 매우 드물기 때문이기도 하고요. 생김새 때문인지 이 사마귀를 외래종이라고 여기기도 하지만, 최근 조선시대부터 우리나라에 사는 종으로 여기고 있습니다. 다음 그림에 나타나는 사마귀가 항라사마귀와 매우 비슷한 특징을 보이기 때문입니다 (앞다리의 무늬).

'항라'는 옛날 우리 조상들이 여름에 즐겨 입었던 고유의 명주옷입

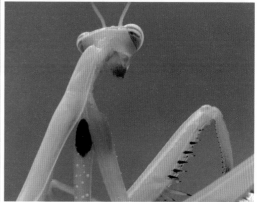

초충도 작가를 알 수 없는 조선시대의 민화

항라사마귀(08. 14.)

니다. 이름처럼 이 사마귀의 속날개가 '항라'를 닮아서 유리날개사마귀, 얇은
날개사마귀로도 불리며, 유럽사마귀European matid라는 이름도 있습니다. 이름처
럼 유럽이 원산지이지만 19세기 말, 미국으로 전파되기 시작해 전 세계로 퍼
져나갔다고 합니다.

다른 사마귀보다 연약해 보이며 앞다리 안쪽에 독특한 무늬가 있습니다.
좀사마귀와는 무늬가 달라 비교적 쉽게 구별됩니다. 주로 8월에서 10월에 성
충을 볼 수 있지만 아주 드물게 관찰되는 사마귀입니다.

흰개미아목

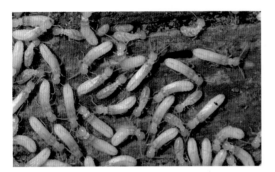

흰개미 몸길이는 3.5~11mm다.

나무좀

흰개미의 크기를 짐작할 수 있다.

흰개미 다리가 짧고 허리가 굵다. 몸은 전체적으로 미색을 띤다.

흰개미는 바퀴, 사마귀와 함께 바퀴목에 속합니다. 이름 때문에 개미와 같은 집안일 것이라고 생각하겠지만 전혀 다른 분류군에 속합니다. 개미는 벌목에 속하고 흰개미는 바퀴목에 속합니다.

바퀴와 사마귀 그리고 흰개미는 난협목이라고도 하는데 난협은 '알집'을 의미합니다. 바퀴 암컷이 알집을 만들어 배 끝에 붙이고 다니거나 사마귀가 거품에 싸인 알집을 만드는 것처럼 흰개미 중 일부도 알집을 만든다고 알려졌습니다.

흰개미도 개미처럼 사회를 이루지만 계급 체계가 조금 다릅니다. 개미는 여왕을 중심으로 군체가 형성되지만, 흰개미는 여왕과 왕이 함께 있습니다. 이외에도 일흰개미, 머리가 큰

흰개미 집단 머리가 큰 병정흰개미, 일흰개미, 날개가 달린 생식흰개미로 이루어져 있다.

일흰개미, 병정흰개미, 생식흰개미가 모두 보인다.

머리가 크고 큰턱이 발달한 병정흰개미

병정흰개미는 겹눈이 퇴화하여 볼 수가 없다.

병정흰개미가 있습니다.

흰개미는 우리나라 토종 곤충이 아니며, 경부선을 건설할 때 철도 침목용으로 수입한 목재에 같이 들어온 것으로 보입니다. 나무를 갉아 먹고 살기 때문에 나무를 분해하는 원생생물이 장 속에 있습니다.

알에서 부화한 애벌레는 여왕과 왕이 될 애벌레와 병정흰개미, 일흰개미가 될 애벌레로 나뉩니다. 병정흰개미와 일흰개미는 성충이 되어 공동체를 보호하고 유지하는 계급으로 성장하며, 여왕과 왕이 될 애벌레는 생식흰개미로 성장합니다. 보통 한 집단에 여왕흰개미와 왕흰개미 한 쌍이 있으며, 이들의 특징은 날개가 단단하고 날개와 몸에 색을 띠며 겹눈이 있습니다.

일흰개미도 겹눈이 퇴화하여 볼 수가 없다.

생식흰개미는 날개가 달렸으며 겹눈도 있어 볼 수가 있다.

흰개미들이 결혼 비행을 준비하고 있다. 생식흰개미들이다. 예비 여왕과 예비 왕이 있지만 맨눈으로 구별하긴 어렵다.

결혼 비행을 준비하는 흰개미 떼 개미와 달리 암컷과 수컷의 수가 같다.

생식흰개미 날개는 회색이며 머리는 검은색, 가슴등판은 황갈색이다.

생식흰개미들 사이에 병정흰개미가 보인다.

하지만 분산 비행 후에는 날개가 떨어집니다. 왕은 몸길이가 1~2센티미터를 유지하지만 여왕은 일단 산란을 시작하면 배가 커져 몸길이가 11센티미터에 이릅니다.

일흰개미와 병정흰개미는 생식 능력이 없는 불임성입니다. 일흰개미는 대부분의 군집에서 가장 수가 많은 계급으로 눈이 없고, 몸은 흰색에 가까운 연한 미색을 띱니다. 자세히 보면 배 윗면에 하얀색 줄무늬가 나타나고, 씹어 먹는 입이 있습니다. 병정흰개미도 눈이 없으며, 커다란 아래턱이나 화학물질을 이용하여 집단을 방어합니다.

05

강도래목

강도래는 곤충강 유시아강 신시류 외시류에 속하는 곤충으로 애벌레 시기를 물속에서 보내는 수서곤충입니다. 보통 물살이 센 차가운 계곡에서 살기 때문에 수질의 생물지표종으로 많이 활용되고 있습니다. 영어 이름 'stoneflies'에서 알 수 있듯 주로 돌이나 바위 등에 붙어 살면서 부착조류나 이끼 등을 먹기도 하고, 어떤 종은 다른 곤충을 잡아먹기도 합니다.

물속에서 12~24번 허물을 벗고 성충이 되며, 비행술이 그리 뛰어나지 못해 우화한 곳에서 멀리 이동하지 않고 살아갑니다. 성충은 주로 조류藻類, 식물질, 썩은 목질 등을 먹고 삽니다. 보통 1년에 한 번 날개돋이를 하지만 몸이 큰 강도래들은 2~3년에 한 번 날개돋이를 합니다.

물속에서 보내는 애벌레 시기에는 기관아가미로 호흡합니다. 산소가 부족할 때는 돌에 붙어서 팔굽혀펴기를 하듯이 움직여 몸 위로 더 많은 물이 흘러가게도 합니다. 커다란 겹눈과 2~3개의 홑눈이 있으며 큰턱과 작은턱이 잘 발달해 있고 날개싹이 뚜렷하게 보입니다.

강도래목	민날개강도래과	민날개강도래 등
	민강도래과	총채민강도래 등
	흰배민강도래과	애강도래 등
	꼬마강도래과	꼬마강도래
	넓은가슴강도래과	넓은가슴강도래 등
	큰그물강도래과	큰그물강도래 등
	그물강도래과	그물강도래붙이 등
	강도래과	무늬강도래, 두눈강도래, 한국강도래 등
	녹색강도래과	어린녹색강도래 등
	메추리강도래과	메추리강도래 등

● 민강도래과

총채민강도래 애벌레 몸길이 8~10mm로 물이 깨끗한 산골짜기 계곡이나 평지 하천에 산다. 몸은 투명한 점액질로 싸여 있다.

총채민강도래 애벌레 앞가슴 아랫면에 10개 이상으로 갈라진 하얀색 기관아가미가 있다. 뒤집었을 때 보인다.

총채민강도래 애벌레가 벗어 놓은 허물

총채민강도래 성충 몸길이 8mm 내외로 암컷이 더 크다.

총채민강도래 성충은 이른 봄부터 볼 수 있다.

총채민강도래 성충의 크기를 짐작할 수 있다.

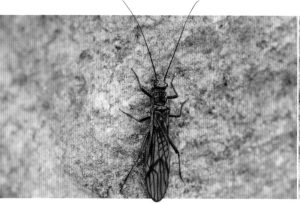

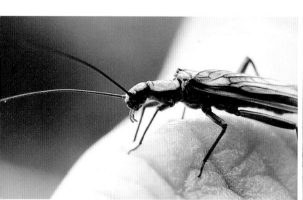

총채민강도래 날개맥이 뚜렷하며 광택이 약하다. 무늬강도래와 비슷하게 생겼지만 크기가 무늬강도래의 절반 정도밖에 안 된다.

총채민강도래 더듬이는 몸길이의 3분의 2 정도이며, 씹어 먹는 입틀이다.

총채민강도래 짝짓기 4월 말에 관찰한 모습이다.

총채민강도래 날개돋이 때가 가장 위험한 순간이다. 개미에게 공격받고 있다.

총채민강도래는 결국 날개돋이에 실패했다.

삼새민강도래 KUa 애벌레 몸길이는 8~10mm다. 깨끗한 산골짜기 시냇물이나 평지 하천에 산다. 홑눈이 3개이며 성충은 봄부터 초가을까지 볼 수 있다.

● 꼬마강도래과

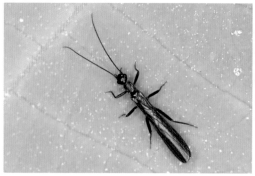

꼬마강도래 다리는 검은색이며 날개가 둥글게 말린 것처럼 보인다.

꼬마강도래 몸길이는 8mm 내외로 소형 강도래다. 애벌레는 물이 깨끗한 산골짜기 시냇물이나 평지 하천에 산다.

꼬마강도래 이른 봄부터 보이는 강도래다.

꼬마강도래 탈피 허물 강도래는 번데기 시기 없이 허물을 벗으면서 성장하는 외시류이다.

꼬마강도래가 개별꽃 잎 위에 앉아 있다. 출현 시기와 크기를 짐작할 수 있다.

꼬마강도래류(04. 21.)

큰그물강도래 강도래목 가운데 큰 종류에 속한다. 날개를 뺀 몸 길이가 50~60mm이다.

큰그물강도래 이전에 한국큰그물강도래라고도 불렸으나 한국 큰그물강도래는 큰그물강도래의 동종이명으로 처리되었다.

큰그물강도래 봄부터 보이기 시작한다. 크기를 짐작할 수 있다.

등화천에 온 큰그물강도래 밤에도 불빛을 찾아온다.

큰그물강도래 탈피 허물 애벌레는 물살이 센 산골짜기 시냇물 등에 살면서 작은 곤충을 잡아먹는다.

큰그물강도래 탈피 허물 애벌레는 물속에서 2~3년을 살아야 성충이 된다.

큰그물강도래 탈피 허물 세 마리가 같은 곳에서 날개돋이한 것 같다.

큰그물강도래가 날개돋이를 마쳤다. 밑에 탈피 허물이 보인다.

큰그물강도래 얼굴과 앞가슴등판 옆, 다리 기부 쪽에 밝은 분홍색 점무늬가 나타난다.

큰그물강도래 'giant stoneflies'라고 불릴 정도로 크고 당당하다.

큰그물강도래의 짝짓기
암컷이 더 크다. 한국 고유종이다.

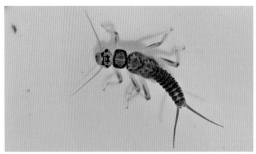

큰등그물강도래 KUa 애벌레 몸길이는 20mm 내외로, 산골짜기 시냇물이나 산과 접한 평지 하천에 산다.

큰등그물강도래 KUa 애벌레 머리에 홑눈 3개가 있으며 홑눈 안쪽으로 둥근 무늬가 있다. 가운데가슴과 뒷가슴등판에 연꽃 같은 무늬가 선명하다.

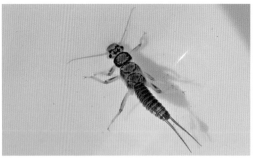

큰등그물강도래 KUa 애벌레 바닥을 기어 다니면서 작은 곤충을 잡아먹는다.

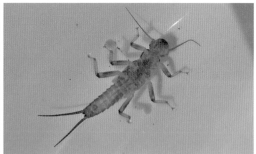

큰등그물강도래 KUa 애벌레 가운데가슴 아랫면 가운데에 Y 자 모양의 융기선이 있다.

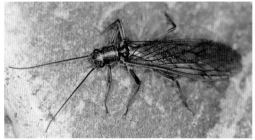

큰등그물강돌래류 성충 우리나라 강도래 목록에는 이 종이 누락되어 국명이 불분명한 상태. 몸길이는 25mm 정도다.

큰등그물강도래류의 크기를 짐작할 수 있다.

큰등그물강도래류 이른 봄부터 보이기 시작한다.

큰등그물강도래류 머리 위쪽 가운데와 가슴등판 가운데를 따라 갈색 줄무늬가 선명하게 나타난다.

큰등그물강도래류 주로 산골짜기 시냇물 근처에서 성충이 보인다.

큰등그물강도래류 사체 갈색 줄무늬가 뚜렷하다.

큰등그물강도래류 아랫면 꼬리털(미모)이 매우 길다.

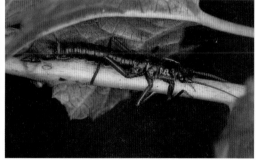

날개돋이를 위해 나무 위로 올라가는 큰등그물강도래류 종령 애벌레(10. 17.)

큰등그물강도래류 성충은 봄부터 보이
기 시작한다.

큰등그물강도래류 아랫면

큰등그물강도래류 옆면

큰등그물강도래류 앞가슴등판에 요철무늬가 뚜렷하다.

큰등그물강도래류 배 옆면에 노란색이 보인다.

큰등그물강도래류(05. 23.)

232

● 강도래과

무늬강도래 애벌레 몸길이는 25mm 정도다. 산골짜기 시냇물이나 산과 인접한 평지 하천에 서식한다.

무늬강도래 애벌레 겹눈 사이에 홑눈 두 개가 선명하게 보인다.

무늬강도래 애벌레 하루살이 등 작은 수서 곤충의 애벌레를 잡아먹으며 산다.

무늬강도래 애벌레 가슴마디에 다발을 이룬 기관아가미가 발달했다.

무늬강도래 애벌레 흰색 다발의 기관아가미가 선명하게 보인다.

무늬강도래 탈피 허물 날개돋이는 5~6월에 이루어진다.

무늬강도래 탈피 허물 산골짜기 시냇물 바위 등에서 볼 수 있다.

무늬강도래 몸길이는 20mm 내외이며, 날개 가장자리를 따라 노란색 띠가 나타난다.

무늬강도래 다리는 검은색이며 날개맥이 복잡하다.

무늬강도래 날개돋이 후 날개를 말리고 있다.

무늬강도래 겹눈 사이에 붉은색 무늬가 나타나고 앞가슴등판에는 미로 같은 요철이 있다.

무늬강도래 성충은 5,6월에 계곡 주변에서 주로 보인다.

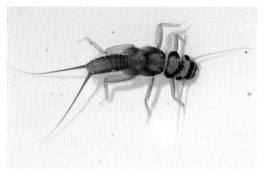

두눈강도래 애벌레 몸길이는 12~15mm로, 산골짜기 시냇물이
나 수질이 좋은 평지 하천 등에서 관찰된다.

두눈강도래 애벌레 머리 뒤쪽 융기선이 뚜렷하고 홑눈 2개가 선
명하게 보인다.

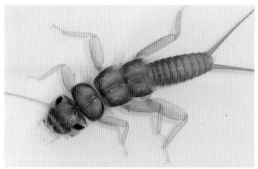

두눈강도래 애벌레 물속에서 다른 수서곤충의 애벌레를 잡아
먹으며 산다.

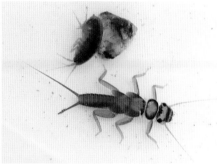

두눈강도래 애벌레 청정수계의 지표종이며 한국 고유종이다.

두눈강도래 애벌레 허물을 벗으면서 성장한다.

두눈강도래 성충 6~7월에 계곡 주변에서 주로 보인다. 한국강도래와 비슷하게 생겼지만 두눈강도래는 홑눈이 2개, 한국강도래는 홑눈이 3개여서 구별된다.

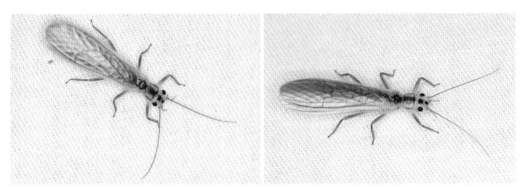

두눈강도래 낮에 활동하지만 밤에 불빛에도 잘 찾아온다. 몸길이는 10~13mm이며 몸은 노란색이다. 앞가슴과 가운데가슴의 중간에 폭이 넓은 암갈색 띠무늬가 있다. 날개는 노란색으로 반투명하고 맥은 갈색이다.

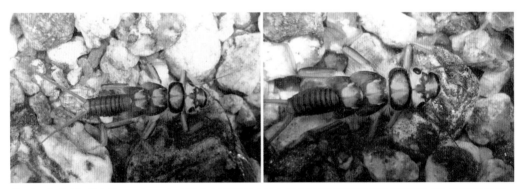

한국강도래 애벌레 몸길이는 25~30mm로, 산골짜기 시냇물이나 산과 인접한 평지 하천에서 주로 관찰된다. 홑눈이 3개라서 두눈강도래와 구별된다.

한국강도래 애벌레 청정수계 지표종으로 한국 고유종이다.

한국강도래 애벌레 머리와 가슴등판에 독특한 무늬가 나타난다.

한국강도래 애벌레 가슴 양옆으로 다발을 이룬 하얀색 기관아가미가 발달했다.

한국강도래 애벌레 아랫면에 하얀 다발의 기관아가미가 선명하다.

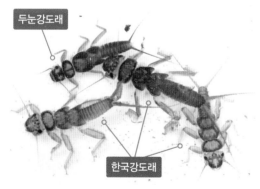

두눈강도래

한국강도래

한국강도래와 두눈강도래 애벌레 비교 서식지가 같다.

한국강도래 애벌레 가슴 가장자리를 따라서 짙은 갈색의 테두리가 나타난다.

한국강도래 탈피 허물 작은 수서곤충을 잡아먹으며 성장하다 번데기 시기 없이 허물을 벗고 성충이 된다.

한국강도래가 막 날개돋이를 마쳤다. 허물에 남아 있는 하얀색 실 같은 것은 애벌레 때 숨 쉬었던 기관의 흔적이다.

한국강도래 성충 봄부터 여름까지 성충을 볼 수 있다.

한국강도래 성충의 크기를 짐작할 수 있다.

한국강도래 밤에 불빛에도 잘 날아온다. 홑눈 3개가 선명하게 보인다.

한국강도래 암수 아래쪽 큰 개체가 암컷이다.

238

진강도래 애벌레 몸길이는 25~30mm다. 산골짜기 시냇물이나 산과 인접한 평지 하천에서 주로 보인다.

진강도래 애벌레 머리 뒤쪽에 가로 융기선이 보이고 홑눈 3개가 있다.

진강도래 애벌레 작은 수서곤충을 잡아먹고 산다. 성충이 되기까지 2~3년이 걸린다.

진강도래 애벌레 가슴 양옆으로 하얀 다발 같은 기관아가미가 발달했으며, 배 끝에도 술 같은 항문아가미가 있다. 이 점이 한국강도래 애벌레와 다르다.

진강도래 탈피 허물 성충은 4~8월에 주로 보인다.

진강도래 성충 몸길이는 25~30mm다. 머리와 가슴은 검은색이고 날개는 황갈색이며, 다리는 노란색, 마디 부분은 검은색이다.

진강도래 노랑다리강도래라고도 불렀다.

진강도래 아랫면은 선명한 노란색이다.

진강도래 우리나라에서 가장 흔하게 볼 수 있는 강도래로 수질을 평가하는 지표종이다.

진강도래 밤에 불빛에도 잘 찾아온다.

진강도래의 크기를 짐작할 수 있다.

● 녹색강도래과

녹색강도래과는 구별하기가 힘든 종이 많습니다. 다음 사진들은 동정하지 못
한 녹색강도래 성충들입니다. 참고용으로 함께 싣습니다. 괄호 안의 숫자는
관찰 날짜입니다.

애민무늬강도래 애벌레 몸길이는 8~10mm다. 산골짜기 시냇
물이나 하천 상류에서 관찰된다.

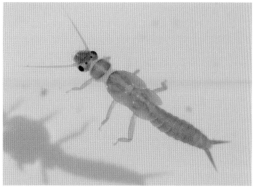

애민무늬강도래 애벌레 꼬리가 매우 짧다. 머리에 홑눈 3개가 선
명하게 보인다.

애민무늬강도래 애벌레 가슴등판과 배 윗면에 아무런 무늬가
없다.

애민무늬강도래 몸 전체에 연둣빛이 돈다. 밤에 불빛에 온 개체
다. 봄에서 여름까지 성충을 볼 수 있다.

녹색강도래류(05. 07.)

녹색강도래류(05. 14.)

녹색강도래류 짝짓기

녹색강도래류(04. 26.)

녹색강도래류(05. 11.)

녹색강도래류(04. 30.)

녹색강도래류(05. 10.)

녹색강도래류(05. 17.)

녹색강도래류(05. 23.)

06
집게벌레목

집게벌레는 곤충강 유시아강 신시류 외시류에 속하는 곤충으로 배 끝에 집게 같은 부속지가 있어서 붙인 이름입니다. 집게 같은 부속지는 꼬리털이 변형된 것으로 공격용이라기보다는 위협용입니다. 자극을 받으면 배 끝을 치켜들어 집게를 위로 세우는 종이 많습니다.

몸이 길고 편평하며 머리는 삼각형에 가깝습니다. 실 같은 더듬이가 있으며 입은 씹어 먹는 저작형咀嚼型입니다. 날개는 있는 종도 있고 없는 종도 있습니다. 있는 종은 딱지날개가 반날개처럼 몸의 절반만 차지하고 그 안에 부채 같은 속날개가 있습니다. 몇 종을 빼고는 야행성이며 대부분 습한 곳을 좋아합니다. 암컷은 알을 낳으면 부화할 때까지, 또는 새끼가 어느 정도 자랄 때까지 보호한다고 합니다.

집게벌레목	집게벌레과	못뽑이집게벌레, 좀집게벌레, 고마로브집게벌레 등
	긴가슴집게벌레과	고려집게벌레, 긴가슴집게벌레, 큰긴가슴집게벌레 등
	꼬마집게벌레과	꼬마집게벌레, 멋쟁이꼬마집게벌레 등
	민집게벌레과	민집게벌레, 노랑다리집게벌레(작은흰수염집게벌레), 끝마디통통집게벌레 등
	큰집게벌레과	큰집게벌레 등
	*열대집게벌레과	*풀집게벌레

* 2019년 김태우 박사가 신종을 등록하면서 새로 만들어진 과와 종이다.

● 집게벌레과

못뽑이집게벌레 수컷 집게가 매우 발달했다. 몸길이는 20~ 36mm다. 주로 밤에 활동하는 야행성이다.

못뽑이집게벌레 수컷 집게가 '못뽑이'처럼 생겨서 붙인 이름이다. 언뜻 보면 병따개처럼 보이기도 한다.

못뽑이집게벌레 수컷 곤충 사체나 썩은 낙엽, 부식물 등을 먹는 잡식성이다.

못뽑이집게벌레 천적으로부터 몸을 보호하기 위해 나무 틈새나 구멍 등에서 생활한다. 몸이 납작해서 가능하다.

나무 구멍 속에 있는 못뽑이집게벌레

못뽑이집게벌레 같은 수컷이라도 애벌레 시절의 영양 상태와 환경에 따라 집게 크기가 다르다. 둘 다 수컷이다.

막 허물을 벗은 못뽑이집게벌레 수컷 아직 색깔이 제대로 나타나지 않았다.

못뽑이집게벌레 암컷 집게는 수컷에 비해 짧으며 뒤로 갈수록 가늘어진다.

못뽑이집게벌레 암컷 앞개가 매우 짧으며 뒷날개는 없다.

못뽑이집게벌레 암컷 배는 가운데가 가장 넓다. 보통 6~9월에 많이 보인다.

못뽑이집게벌레 약충 아직 앞날개가 발달하지 않았다.

좀집게벌레
몸길이는 15~17mm로, 성충은 6~11월 초까지 볼 수 있다.

좀집게벌레 앞날개 바로 밑에 노란색 무늬가 한 쌍 있다.

좀집게벌레 수컷 암컷보다 집게가 길며 집게 안쪽 가운데 부분에 큰 돌기가 있다.

좀집게벌레 수컷 곤충의 알이나 번데기, 사체 등 다양한 먹이를 먹는다.

▓ 좀집게벌레 밤에 활동하는 야행성이다.

▓ 좀집게벌레 암컷 수컷보다 집게가 짧고 안쪽 가운데에 돌기도 없다.

▓ 좀집게벌레 암컷 더듬이는 적갈색이며 제1마디가 다른 마디보다 굵다.

▓ 좀집게벌레 약충 허물을 벗은 지 얼마 안 되어 색이 연하다.

▓ 좀집게벌레 약충 아직 날개가 발달하지 않았다.

고마로브집게벌레 수컷　몸길이 12~22mm 정도다.

고마로브집게벌레 수컷　집게 끝이 활처럼 휘었으며 기부와 중간 쯤에 이빨 같은 돌기가 있다.

고마로브집게벌레 수컷　앞가슴등판이 독특하게 생겼으며 가장 자리는 황갈색이다.

고마로브집게벌레 수컷　앞날개는 딱지날개 형태로 배의 절반 정 도다. 그 안에 무늬가 있는 넓은 속날개가 있다.

고마로브집게벌레 수컷과 달무리무당벌레 크기를 짐작할 수 있다.

고마로브집게벌레 암컷　집게는 곧게 뻗었으며 수컷과 달리 집게 안쪽에 돌기가 없다.

고마로브집게벌레 암컷 더듬이 끝이 연한 갈색이다.

고마로브집게벌레 암컷 사체, 부식물, 배설물 등 다양한 먹이를 먹는다.

고마로브집게벌레 암수 왼쪽이 암컷이다.

고마로브집게벌레 암컷 참나무산누에나방 빈 고치 속에서 알을 낳아 보호하고 있다.

고마로브집게벌레의 알

고마로브집게벌레 암컷 야행성으로 봄부터 보이기 시작한다.

고마로브집게벌레 약충

고마로브집게벌레 탈피한 지 얼마 되지 않아 색이 연하다.

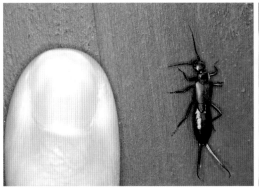

고마로브집게벌레의 크기를 짐작할 수 있다.

딱지날개(앞날개)

뒷날개(속날개)

고마로브집게벌레 암컷 비행하기 위해 앞날개를 열고 속날개를 펼쳤다.

고마로브집게벌레 이른 아침 속날개를 펼쳐 날개를 말리고 있다.

죽은 고마로브집게벌레 속날개를 열자 마치 새 날개처럼 펼쳐진다.

● 긴가슴집게벌레과

이 과에 속하는 집게벌레 중 고려집게벌레라는 종이 있습니다. 멸종위기 2급으로 지정된 종이라 곤충을 좋아하는 사람들에게 관심을 많이 받고 있지요. 하지만 2011년 환경부가 배포한 '멸종위기 야생동식물 지정 및 해제(안) 사유' 자료를 보면 고려집게벌레를 멸종위기종에서 해제하는 이유에 대해 "이 종은 우리나라에 서식하지 않는데 서식하는 것으로 오동정되었기 때문에 해제한다"라는 내용이 있습니다.

그런데 최근에는 이 이름을 그대로 쓰는 것 같습니다. 과 이름도 고려집게벌레과 또는 긴가슴집게벌레과라고도 하는 것 같습니다. 이 책에서는 위의 내용을 인지하면서 과명은 긴가슴집게벌레로, 종명은 고려집게벌레로 합니다. 생태 정보가 많지 않아 사진을 중심으로 올립니다. 괄호 안의 숫자는 관찰 날짜입니다.

고려집게벌레 몸길이는 20~30mm다. 수컷이 더 크다.(07. 14.)

긴가슴집게벌레과 = 고려집게벌레과
고려집게벌레 = 긴꼬리가위벌레

고려집게벌레 참나무류나 소나무 껍질 속에서 여러 마리가 같이 산다. 배 끝에 5개의 동그란 돌기가 있다. 수컷은 집게 끝 안쪽 가두리가 활처럼 휘었다.(06. 20.)

고려집게벌레 암컷 수컷보다 작다. 집게가 가늘고 길쭉하며 끝만 약간 안으로 휘었다.

고려집게벌레 암컷 집게 끝 안쪽에 이빨 같은 가시돌기가 있다.(04. 08.)

고려집게벌레 허물 번데기 과정 없이 허물을 벗으면서 성장한다.

고려집게벌레 허물 벗은 뒤의 모습이다.

고려집게벌레(04. 08.)

고려집게벌레(05. 26.)

고려집게벌레(05. 30.)

● 꼬마집게벌레과

멋쟁이꼬마집게벌레 몸길이는 7mm 내외다.
수컷은 집게가 붉은색이고 가운데 검은색 무늬
가 있다. 암컷은 집게가 짧고 검은색이다.

멋쟁이꼬마집게벌레 수컷 서울 노원구 수락산
(04. 26.)에서 만난 개체다.

멋쟁이꼬마집게벌레 암컷 같지만, 집게가 제대
로 보이지 않아 사진만으로는 구별이 힘들다.

우리나라에 서식하는 꼬마집게벌레과에는
3종이 있다고 합니다. 그중 한 종이 얼마 전
에 새로운 종으로 등록된 멋쟁이꼬마집게벌
레입니다. 한국동물분류학회의 공식 학술지
〈ASED〉(2017년 4월호 33권 2호 112~122쪽)에
따르면 경기도 광릉에서 처음 발견되었습니
다. 최근 자료를 찾아보면 광릉 이외에도 서
울의 북한산 등지에서 서식이 확인되었더군
요. 필자는 서울의 수락산에서 멋쟁이꼬마집
게벌레를 여러 마리 보았습니다. 눈높이보다
높은 곳에 있고 행동도 빨라 제대로 된 사진
이 없지만 자료 차원에서 싣습니다.

극동버들바구미
멋쟁이꼬마집게벌레
멋쟁이꼬마집게벌레와 극동버들바구미가 같이 있다.
크기를 짐작할 수 있다.

끝마디통통집게벌레 몸길이는 15mm 내외다.

끝마디통통집게벌레 다리의 넓적다리마디 반, 종아리마디 반은 하얀색이다.

끝마디통통집게벌레 머리와 더듬이는 검은색이며, 더듬이 끝 부분 마디 3개가 하얀색이다.

끝마디통통집게벌레 수컷 다른 집게벌레 수컷들보다 집게가 짧다. 안쪽으로 휘었으며 좌우 비대칭이 많다.

끝마디통통집게벌레 수컷 머리와 가슴 사이가 하얀색 목도리를 두른 것처럼 보인다.

끝마디통통집게벌레 암컷 집게가 수컷과 달리 안쪽으로 휘지 않았다. 끝이 뾰족하다.

끝마디통통집게벌레 수컷 밤에 주로 활동하는 야행성이다.

끝마디통통집게벌레 사체나 배설물, 부식물 등을 먹는 잡식성이다. 배 끝부분이 넓고 통통하다. 날개는 없다.

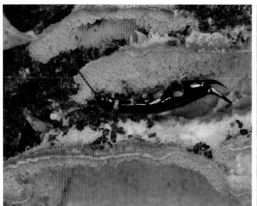

버섯을 먹고 있는 끝마디통통집게벌레

끝마디통통집게벌레 약충

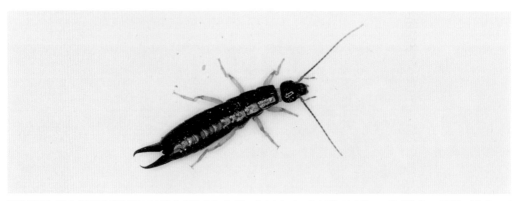

민집게벌레 끝마디통통집게벌레와 비슷하게 생겼지만 다리와 더듬이가 다르다. 몸은 전체적으로 암갈색이고 가끔씩 검은색도 있다. 더듬이와 다리는 연한 노란색이다. 배 끝에 달린 집게는 적갈색이다. 몸길이는 22mm 정도, 성충은 5~10월에 주로 보인다.

● 큰집게벌레과

큰집게벌레의 크기를 짐작할 수 있다.

큰집게벌레 성충은 3~10월에 주로 보인다. 수컷은 집게 안쪽에 돌기가 하나씩 있다.

큰집게벌레 위협을 느끼면 배 끝을 들어 올려 방어 행동을 취한다.

큰집게벌레의 집게 상당히
위협적이다.

큰집게벌레 앞날개 봉합선 양옆으로 검은색이 넓게 퍼져 있다.

큰집게벌레 배 끝마디에 검은색 돌기가 한 쌍 있다. 수컷은 배
가 뒤로 갈수록 넓어진다.

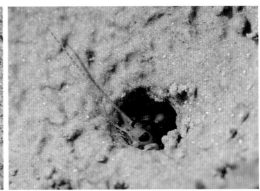

큰집게벌레 구조물 아래로 굴을 파고 숨어 있다.

큰집게벌레 자극을 받자 모래에 구멍을 파고 숨으려고 한다.

큰집게벌레 돌 밑에 숨어 있다.

돌 밑 큰집게벌레의 은신처

큰집게벌레 암컷 약충

큰집게벌레 약충의 크기를 짐작할 수 있다.

큰집게벌레 수컷 약충 집게 안쪽에 돌기가 보인다.

큰집게벌레가 곤충을 먹고 있다.

07

메뚜기목

절지동물문 곤충강 유시아강 신시류 외시류 메뚜기군에 속하는 곤충 무리입니다. 겹쳐 접어서 배를 가리는 날개가 있는 신시류에 속하며, 번데기를 만들지 않는 안갖춘탈바꿈(불완전변태) 곤충 무리인 외시류에 속합니다. 이 외시류에는 찔러서 빨아 먹는 입틀인 노린재군과 씹어 먹는 입틀인 메뚜기군이 있으며, 메뚜기목은 메뚜기군에 속합니다.

메뚜기 무리는 긴 가죽날개와 씹어 먹는 입틀이 가장 큰 특징이라고 할 수 있습니다. 긴 겉날개(윗날개)는 옥수수 껍질처럼 생겼으며 곧게 몸통을 덮고 있어 직시류直翅類라고도 합니다. 속날개를 부챗살 모양으로 펼치며 날아다닙니다. 한국민날개밑들이메뚜기처럼 날개가 퇴화하여 없는 종도 있고, 고산밑들이메뚜기처럼 날개싹만 남아 있기도 합니다.

애벌레는 번데기 시기 없이 허물을 벗으며 성장하고, 날개만 없을 뿐 성충과 비슷하게 생겼습니다. 애벌레를 유충幼蟲이 아닌 약충若蟲이라고 부르는 이유입니다. 약충 상태에서 평균 5번 정도 허물을 벗어야 성충이 됩니다.

좀 더 자세하게 메뚜기 종류의 날개를 구분하면 다음과 같습니다.

- 장시형: 앞날개가 배 끝을 훨씬 넘기 때문에 잘 날 수 있다.
- 중시형: 앞날개가 배의 절반 이상을 덮지만 배 끝을 넘지 못해 잘 날지 못한다.
- 단시형: 앞날개가 배의 절반을 넘지 못해 전혀 날지 못한다.
- 미시형: 앞날개가 비늘 모양으로 매우 짧은 형태로 날지 못한다.
- 무시형: 날개가 완전히 없다.

허물은 평균 5번 정도 벗습니다. 하지만 덩치가 크면 허물 벗는 횟수가 늘어납니다. 다시 말해 같은 종이라도 크기에 따라 허물 벗는 횟수가 다르다고 알려졌습니다. 방아깨비 수컷은 6번, 덩치가 큰 암컷은 7번 허물을 벗습니다. 허물을 처리하는 방법은 과마다 다릅니다. 먹어 치우기도 하고 그대로 걸어두기도 합니다.

장시형-청날개애메뚜기

중시형-원산밑들이메뚜기

단시형-먹귀뚜라미 암컷
수컷은 중시형

미시형-고산밑들이메뚜기

무시형-한국민날개밑들이메뚜기

콩중이 속날개 속날개 안쪽은 연한 노란색, 가장자리 안쪽으로 검은색 테두리가 있다. 날 때 부챗살처럼 펼친다.

섬서구메뚜기 날개 옥수수 껍질처럼 생긴 앞날개와 달리 뒷날개(속날개)는 투명하며 별다른 무늬가 없다.

등검은메뚜기 속날개

방아깨비 속날개

팥중이 속날개

큰실베짱이 날개

큰실베짱이 속날개 끝부분이 그물 형태(막질)가 아니라 가죽 형태(혁질)다.

큰실베짱이 속날개가 앞날개보다 길어 속날개 일부가 드러난다. 드러난 부분만 가죽 형태(혁질)다.

긴날개여치 수컷의 날개 앞날개에 울림판이 보인다. 뒷날개 맥이 선명하다.

실베짱이 허물벗기

갈색여치 허물벗기

밑들이메뚜기 허물벗기

꼽등이 허물벗기

좀날개여치 허물벗기

메뚜기 허물 베짱이와 달리 메뚜기는 허물 껍질을 먹지 않는다. 신기할 정도로 정교하게 허물을 벗어놓았다.

 이 목에 속하는 곤충들은 보통 뒷다리가 길고, 넓적다리마디가 굵고 튼튼하여 잘 뜁니다. 메뚜기란 이름도 '뫼(산)＋뛰기'로 산에서 잘 뛰어다닌다는 의미가 있습니다. 한 연구 결과에 따르면 메뚜기는 보통 55도 각도로 튀어 오르며, 넓적다리마디의 근육을 오므린 뒤에 갑자기 쭉 뻗어 70~80센티미터까지 뛸 수 있다고 합니다. 이때 순간적으로 내뻗는 힘은 몸무게의 2만 배에 이른다고 합니다. 바로 메뚜기의 뚜렷한 특징입니다. 비슷하게 생긴 사마귀나 대벌레는 메뚜기 무리에 속하지 않습니다. 두 곤충의 뒷다리는 메뚜기와 달리 가늘거든요.

 메뚜기목은 다시 여치아목과 메뚜기아목으로 나뉩니다. 둘은 생김새나 한살이, 생태 특징 등 많은 부분에서 다릅니다.

차이점	여치아목	메뚜기아목
더듬이	몸길이보다 길고 가늘다.	몸길이보다 짧고 굵다.
고막	앞다리에 있다(종아리마디).	첫 번째 배마디에 있다.
소리 내기	수컷은 앞날개를 비벼서 소리를 낸다.	수컷은 앞날개와 뒷다리를 비벼서 소리를 낸다.
산란관	암컷의 산란관은 배 끝에 창이나 칼 모양으로 기다랗다.	암컷의 산란관은 짧고 뚜렷하지 않아서 겉으로 잘 보이지 않는다.
짝짓기, 산란	업는 자세에서 암컷이 위, 정자주머니를 외부에 붙여 전달한다. 알을 한 개씩 낳는다.	업는 자세에서 수컷이 위, 정자주머니를 내부에 직접 전달한다. 거품에 싸인 알을 한꺼번에 낳는다.
종류	꼽등이류, 여치류, 베짱이류, 귀뚜라미류 .땅강아지류, 쌕쌔기류, 매부리류, 방울벌레류, 철써기, 풀종다리 등	모메뚜기류, 벼메뚜기류, 밑들이메뚜기류, 주름메뚜기류, 섬서구메뚜기류, 방아깨비, 콩중이, 팥중이, 딱따기, 풀무치 등

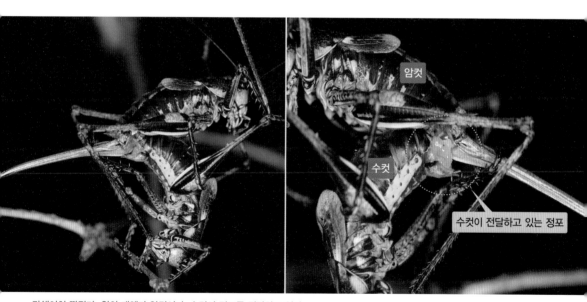

갈색여치 짝짓기 위의 개체가 암컷이다. 수컷이 정포를 전달하고 있다.

밑들이메뚜기 짝짓기 위의 개체가 수컷이다.

발톱메뚜기 짝짓기 위의 개체가 수컷이다.

방아깨비 고막(메뚜기아목) 첫 번째 배마디에 있다.

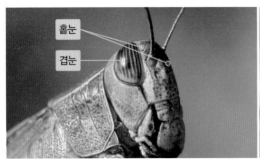

홑눈
겹눈

겹눈   홑눈

등검은메뚜기 겹눈과 홑눈 겹눈이 2개, 홑눈은 3개다.

왕귀뚜라미 고막

왕귀뚜라미 고막(여치아목) 앞다리 종아리마디에 있다.

긴꼬리 수컷 앞날개를 비벼 소리를 내고 있다.

메뚜기아목에 속하는 곤충들은 보통 초식성이지만 여치아목에 속하는 몇 몇은 포식성 곤충(대표적으로 중베짱이나 갈색여치가 있음)으로 육식성입니다. 귀뚜라미나 꼽등이처럼 잡식성도 있고요. 좀 더 세분하면 다음과 같습니다.

초식성	대부분의 메뚜기와 실베짱이가 해당된다. 풀, 과일, 꽃, 꽃가루, 꽃잎 등을 먹는다. 하지만 먹이가 부족하거나 환경이 바뀌면 초식성이라 해도 다른 동물의 사체나 배설물 등을 먹기도 하고 죽어가는 동료를 씹어 먹기도 한다.
육식성	중베짱이나 대형 여치류들은 포식성이 매우 강하다.
잡식성	귀뚜라미, 꼽등이 등은 사체나 버섯, 죽어가는 곤충 등, 여러 가지를 먹는다.
원시적 식성	모메뚜기는 땅에 떨어진 낙엽이나 축축한 곳에 자라는 이끼, 버섯 등을 먹는다.

우리벼메뚜기(초식성) 잎을 갉아 먹고 있다.

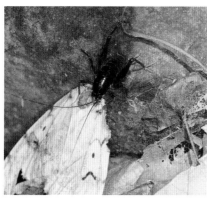

검정꼽등이(잡식성) 나방 사체를 먹고 있다.

검정꼽등이(잡식성) 버섯을 먹고 있다.

갈색여치(육식성) 나방을 먹고 있다.　　　　　　　갈색여치(육식성) 딱정벌레를 먹고 있다.

여치아목

여치, 베짱이, 귀뚜라미 등이 속하며 더듬이는 실 모양으로 가늘고 몸길이보다 훨씬 깁니다. 야행성이 많으며 수컷은 앞날개를 서로 비벼서 소리를 냅니다. 암컷은 배 끝에 뾰족한 칼이나 낫, 창 모양의 기다란 산란관이 있고, 짝짓기를 할 때 암컷이 수컷 위로 올라가는 자세를 취합니다. 수컷은 암컷의 산란관 기부基部에 크기가 다양한 정포(정자가 들어 있는 젤라틴 덩어리)를 붙입니다. 이후 암컷이 먹은 정포는 난소나 알의 발육에 필요한 양분으로 쓰입니다. 메뚜기처럼 거품에 싸인 알을 한꺼번에 낳지 않고 하나씩 따로 낳습니다.

　여치아목은 발목마디가 4마디로 이루어진 여치상과, 어리여치상과와 3마디로 이루어진 귀뚜라미상과로 나뉩니다. 여치아목을 종 단위로 구분하다 보면 혼동하기 쉬운 이름들이 참 많습니다. 종명은 비슷한데 과명이 완전히 다르기도 하고, 이름은 완전 다르지만 분류군이 같기도 합니다.

　이를 해결하기 위해 좀 복잡하지만 여치아목을 상과, 과, 아과, 족 단위로 구분하면 그나마 이해하기 쉽습니다(『메뚜기 생태도감』, 김태우, 지오북, 2013 참조).

메뚜기목 여치아목	여치상과	여치과	민충이아과	민충이	
			여치아과	애여치족	산여치, 우수리여치, 잔날개여치, 꼬마여치, 쌍색여치, 애여치
				여치족	갈색여치, 좀날개여치, 우리여치, 여치, 긴날개여치, 중베짱이, 긴날개중베짱이
			베짱이아과	베짱이	
			실베짱이아과	큰실베짱이, 실베짱이, 검은다리실베짱이, 줄베짱이, 북방실베짱이, 검은테베짱이, 날베짱이붙이, 날베짱이	
			철써기아과	철써기	
			쌕쌔기아과	쌕쌔기족	대나무쌕쌔기, 좀쌕쌔기, 점박이쌕쌔기, 쌕쌔기, 긴꼬리쌕쌔기
				매부리족	좀매부리, 매부리, 애매부리, 왕매부리, 여치베짱이, 꼬마여치베짱이
			어리쌕쌔기아과	민어리쌕쌔기, 어리쌕쌔기, 등줄어리쌕쌔기	
	어리여치상과	어리여치과	어리여치, 민어리여치, 범어리여치		
		꼽등이과	산꼽등이아과	산꼽등이	
			꼽등이아과	장수꼽등이, 알락꼽등이, 꼽등이, 검정꼽등이, 굴꼽등이	
	귀뚜라미상과	귀뚜라미과	긴꼬리아과	긴꼬리, 폭날개긴꼬리	
			곰방울벌레아과	곰방울벌레	
			뚱보귀뚜라미아과	뚱보귀뚜라미	
			귀뚜라미아과	희시무르귀뚜라미, 쌍별귀뚜라미, 검은귀뚜라미, 먹귀뚜라미, 왕귀뚜라미, 새왕귀뚜라미, 루루곰귀뚜라미, 곰귀뚜라미, 샴귀뚜라미, 모대가리귀뚜라미, 큰알락귀뚜라미, 알락귀뚜라미, 야산알락귀뚜라미, 탈귀뚜라미, 극동귀뚜라미, 봄여름귀뚜라미	
			알락방울벌레아과	바다방울벌레, 무늬바다방울벌레, 습지방울벌레, 담색방울벌레, 북방방울벌레, 모래방울벌레, 알락방울벌레, 여울알락방울벌레, 좀방울벌레, 흰수염방울벌레	
			풀종다리아과	먹종다리, 풀종다리, 홍가슴종다리, 새금빛종다리	
			방울벌레아과	방울벌레	
			홀쭉귀뚜라미아과	홀쭉귀뚜라미	
			솔귀뚜라미아과	솔귀뚜라미	
			청솔귀뚜라미아과	청솔귀뚜라미	
		털귀뚜라미과	점날개털귀뚜라미, 털귀뚜라미, 숨은날개털귀뚜라미		
		개미집귀뚜라미과	개미집귀뚜라미		
		땅강지과	땅강아지		

여치류 생김새

여치아과(여치과)

잔날개여치 날개가 무척 짧은 여치로 북한에서는 '작은날개애기여치'라고 한다.

잔날개여치 수컷 전국적으로 분포한다. 겹눈 뒤로 흰색의 가는 줄무늬가 나타나며 앞가슴등판 옆쪽 아래에 넓은 흰색 테두리 무늬가 있다.

잔날개여치 암컷 수컷보다 날개가 더 짧으며 검은색의 산란관
이 위로 휘었다. 산란관의 길이는 10mm 정도다.

잔날개여치 약충 몸 옆은 검은색이고 위는 밝은 갈색이다.

잔날개여치 약충 더듬이가 몸길이보다 더 길고 앞가슴등판 옆
에 흰색 테두리가 뚜렷하다.

알을 낳고 있는 잔날개여치 암컷 메뚜기 종류와 달리 알을 하나
씩 낳는다.

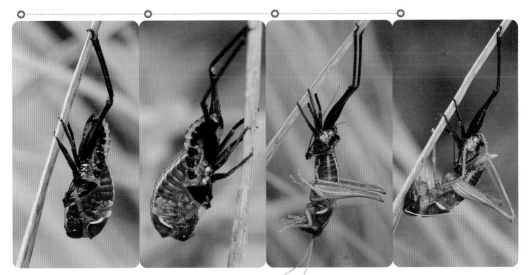

잔날개여치 허물벗기

애여치는 겹눈 뒤에 흰색 줄무늬가 있으며 잔
날개여치처럼 옆가슴에 흰색 테두리가 있으나
날개가 훨씬 길다.

애여치 수컷

애여치 몸길이는 22～25mm, 6～7월에 주로 보인다.

애여치의 크기를 짐작할 수 있다.

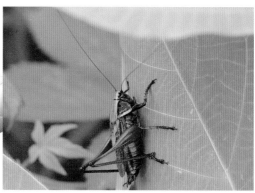

애여치 알로 월동하며 앞날개는 장시형과 단시형이 있다. 앞가슴
등판 옆에 넓은 흰색 테두리가 나타난다.

갈색여치 수컷 나방을 사냥하고 있다. 포식성이 강하다.

갈색여치 암컷 산란관은 몸길이와 비슷하며 약간 아래로 휘었다. 산
란관을 뺀 몸길이는 25～33mm이고, 산란관 길이는 26～30mm다.

갈색여치 수컷 암컷에게 주기 위해 정포를 만들고 있다.

갈색여치 암컷 짝짓기 후 수컷에게 받은 정포를 달고 있다.

갈색여치 어린 약충 몸 색이 갈색이다.

조금 더 자란 갈색여치 약충 배 아랫면이 연두색으로 바뀌었다.

갈색여치 수컷 약충 아직 날개가 다 자라지 않았다.

갈색여치 암컷 약충 산란관이 아직 다 자라지 않았다. 모양은 갖추었지만 제 역할은 할 수 없다.

갈색여치 암컷 아랫면에 노란색과 연두색이 보인다.

좀날개여치 수컷 몸길이는 23~25mm로 암컷보다 작다.

좀날개여치 암컷 날개가 앞가슴등판에 가려 거의 보이지 않을 정도로 짧다. 산란관이 위로 휘었다. 몸길이는 29~37mm, 산란관 길이는 20~26mm다.

좀날개여치 암컷 짝짓기 후 수컷이 준 정포를 매달고 있다.

좀날개여치 암컷 정포를 먹고 있다.

좀날개여치 약충 옆면이 어두운 색이다.

우리여치 한국 고유종 여치로 몸길이는 23~29mm다. 중·북부 산간지역 에서 드물게 관찰된다.

우리여치 몸 색은 녹색과 갈색이 어우러지고, 앞가슴등 판은 가두리가 연둣빛이 감도는 하얀색이다.

우리여치 수컷의 날개는 앞가슴등판 길이의 2배 정도로 배 중
간 즈음에 미친다. 중시형이다.

우리여치 얼굴 위는 연두색이고 아래는 미색이라 둘로 나뉜 것
처럼 보인다.

우리여치 겹눈 뒤부터 앞가슴등판까지 이어지는 검은색 띠가
있으며 다리에는 검은색 반점이 흩어져 있다.

우리여치 수컷 여름에 주로 보인다. 8월 중순, 계곡 주변에서 만
난 개체다.

우리여치 암컷 앞날개는 수컷보다 짧으며 산란관 뒤의 윗면이
둥글고 끝은 뾰족하다. 산란관 길이는 16~20mm다.

우리여치 암컷의 크기를 짐작할 수 있다.

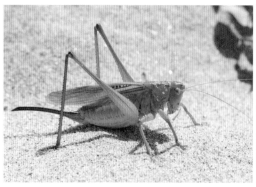
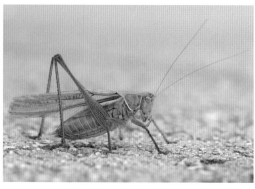

긴날개여치 암컷 날개가 배 끝을 넘고, 산란관 길이는 넓적다 긴날개여치 수컷 몸길이가 28~38mm다.
리마디와 비슷하다. 산란관 길이는 25~28mm다.

긴날개여치 강변, 하천, 섬, 해변의 저지대 물가 근처 풀밭에 긴날개여치 수컷의 크기를 짐작할 수 있다 대부분 장시형이지만
서식한다. 큰 소리로 울어 눈에 잘 띈다. 장시형보다 더 날개가 긴 개체도 있다.

긴날개여치 장시형보다 더 날개가 긴 장시형 암컷이다. 긴날개여치 작은 곤충을 잡아먹고 있다.

긴날개여치 약충 배 윗면에 독특한 줄무늬가 나타난다.

긴날개여치 암컷 약충의 크기를 짐작할 수 있다.

긴날개여치 얼굴 겹눈 사이 아래에 홑눈이 보인다.

산란관

긴날개여치 산란 암컷은 긴 산란관으로 땅속이나 식물 조직 안에 알을 낳는다. 지금 산란관을 땅에 꽂은 모습이다.

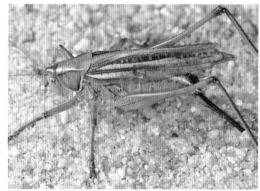

긴날개여치 산란

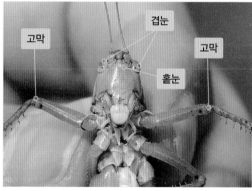

고막

겹눈

고막

홑눈

긴날개여치 생김새

중베짱이 암컷 산란관이 길며 전체적으로 연두색이지만 끝은
연한 갈색이다.

중베짱이 암컷 몸길이는 29~35mm, 산란관 길이는 22~28mm다.

중베짱이 수컷 울음판이 선명하게 보인다.

중베짱이 수컷 밤에 나무 위나 덤불에서 연속적으로 운다.

중베짱이 암컷 약충
배 끝에 긴 산란관이 보인다.

중베짱이 수컷 곤충 사체를 먹고 있다.

긴날개중베짱이 암컷 중베짱이와 비슷하지만 날개가 훨씬 더 길다.

긴날개중베짱이 암컷 몸길이는 29~35mm, 산란관 길이는 27~35mm다.

긴날개중베짱이 수컷 암컷처럼 날개가 길다. 저지대 물가의 풀밭이나 나무 위에 서식하며 포식성이 강하다.

베짱이아과(여치과)

베짱이 암컷 각 발목마디가 검은색이다.

베짱이 암컷 몸길이는 30~36mm, 산란관 길이는 14~16mm다.

베짱이 수컷 암컷처럼 발목마디가 검은색이다.

베짱이 수컷이 앞날개를 비벼 소리를 내고 있다. 베를 짤 때 나는 소리처럼 울어서 붙인 이름이다. 산지 풀밭에 살며 작은 곤충을 잡아먹는 육식성이다.

베짱이 수컷 나무 위로 올라가고 있다. 이런 곳에서 울다가 자극을 받으면 훌쩍 다른 곳으로 날아가서 운다.

베짱이 암컷이 허물을 벗고 있다.

베짱이 수컷이 허물을 벗고 있다.

실베짱이아과(여치과)

큰실베짱이 암컷 제주도를 제외한 전국에 분포한다. 몸길이는 17~26mm, 머리~뒷날개 끝 길이는 34~50mm다. 앞날개가 매우 길어 몸길이의 2배 정도다.

큰실베짱이의 크기를 짐작할 수 있다.

큰실베짱이 날개에 독특한 직사각형 무늬가 나타난다. 실베짱이 무리 가운데 대형종에 속한다.

큰실베짱이 암컷 산란 자리를 찾고 있다.

큰실베짱이 암컷 알을 낳고 있다. 산란관이 나무에 박혀 있는 것이 보인다.

큰실베짱이 암컷 산란관이 짧고, 위로 휘었다.

큰실베짱이 수컷 뒷날개가 앞날개보다 길다.

큰실베짱이 갈색형

큰실베짱이 약충 줄베짱이 약충과 비슷하지만 앞다리 기부가 약간 휘어 있다.

큰실베짱이 약충 자극을 받으면 이런 자세를 취한다.

실베짱이 다리가 녹색이며 날개에 작은 점들이 많이 흩어져 있다.

실베짱이 몸길이보다 갈색 더듬이가 더 길다. 뒷날개 끝까지 길이가 29~37mm다.

실베짱이 앞가슴등판 뒤쪽으로 독특한 갈색 줄무늬가 나타난다.

실베짱이 수컷 날개 울음판 주위가 짙은 색이다. 울음소리가 또렷하지 않다. 성충은 주로 꽃이나 꽃가루를 먹는다.

실베짱이 허물벗기

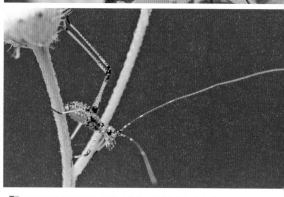
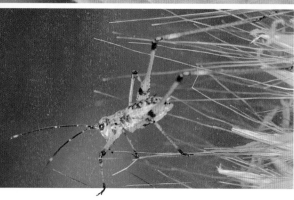

■■■ 검은다리실베짱이 암컷 뒷다리의 넓적다리마디 아래부터 검은색이다. 뒷날개 끝까지의 길이는 29~36mm다.

■■■ 검은다리실베짱이 더듬이는 검은색이며 하얀색 고리 무늬가 있다.

■■■ 검은다리실베짱이 수컷 울음판이 검은색이다.

■■■ 검은다리실베짱이 수컷 미모는 위로 휘고 끝이 뾰족하다. 집게처럼 보인다.

■■■ 검은다리실베짱이 약충 주로 낮에 활동하며 약충, 성충 모두 식물의 잎이나 꽃가루를 즐겨 먹는 초식성이다.

■■■ 검은다리실베짱이 약충 더듬이가 매우 길다.

■■■ 검은다리실베짱이 약충 자라면서 녹색과 검은색 줄무늬가 발달한다.

줄베짱이 암컷 뒷머리부터 등을 따라 날개 끝까지 황백색의 줄무늬가 나타난다.

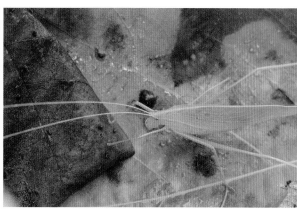

줄베짱이 암컷 줄무늬가 선명하다. 뒷날개 끝까지의 길이는 36~39mm다.

줄베짱이 산란 식물 조직에 산란관을 넣고 알을 낳는다.

줄베짱이 수컷 뒷머리부터 뒷날개 끝까지의 길이는 35~37mm, 갈색 줄무늬가 나타난다.

줄베짱이 수컷 매우 독특한 소리로 운다. 주로 낮에 주변 풀밭이나 작은 나무 위에서 쉽게 눈에 띈다.

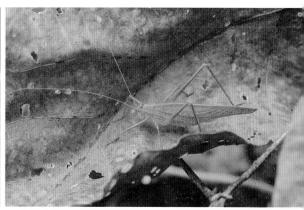

줄베짱이 암컷 갈색형

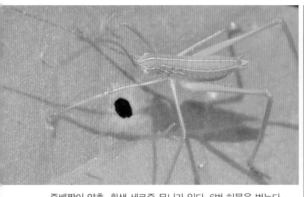

줄베짱이 약충 흰색 세로줄 무늬가 있다. 6번 허물을 벗는다.

줄베짱이 암컷 약충

줄베짱이 수컷 약충

북방실베짱이 수컷 날개 접합 부위에 갈색 줄무늬가 나타난다.
줄베짱이와 비슷하지만 줄무늬 모양이 다르다.

북방실베짱이 더듬이는 연한 갈색이며 희미한 고리 무늬가
있다. 뒷날개 끝까지의 길이는 32~38mm이며 7~10월에 활
동한다.

북방실베짱이 일본의 북쪽에 위치한 삿포로에서 처음 발견되어 붙인 이름이다. 극동실베짱이라고도 한다.

날베짱이 암컷 긴 날개로 잘 날아다닌다고 해서 붙인 이름이다. 뒷날개 끝까지의 길이는 53~57mm로 수컷보다 크다.

날베짱이 산란관 짧고 위로 휘었다. 가　날베짱이 산란관　　　　　　날베짱이 암컷 얼굴
장자리를 따라 검은색 줄이 있다.

날베짱이 수컷 뒷날개 끝까지의 길이는 46~55mm로 암컷보다 작　날베짱이 멋지고 당당한 베짱이다.
다. 잡식성으로 주로 낮에 활동하지만 밤에 불빛에도 잘 찾아온다.

날베짱이의 크기를 짐작할 수 있다.　　　　　　날베짱이 수컷 앞다리가 분홍빛을 띤다.

날베짱이 얼굴

날베짱이 1령 약충 몸 옆에 검은색 줄무늬가 있다.

날베짱이 약충 더듬이와 다리가 매우 길다.

날베짱이 약충 자라면서 검은색 줄무늬가 없어지며 더듬이 기부가 붉은색을 띤다.

날베짱이 수컷 약충 허물을 벗을 때마다 날개가 조금씩 자란다.

날베짱이 암컷 약충

쌕쌔기아과(여치과)

| 쌕쌔기족 |

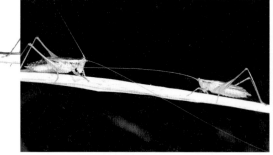

좀쌕쌔기 암수 산란관이 길게 나온 왼쪽이 암컷이다.

좀쌕쌔기 암컷 우리나라 쌕쌔기 가운데 날개가 가장 짧다.

좀쌕쌔기 앞날개는 배 중간을 약간 넘어서고 뒷날개는 앞날개
뒤로 거의 보이지 않는다.

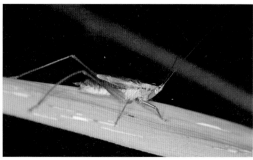

좀쌕쌔기 수컷 6번의 허물을 벗는다.

좀쌕쌔기 암컷 몸길이는 17~22mm로 수컷보다 조금 크다. 산
란관 길이는 15~21mm다.

좀쌕쌔기 수컷 녹색형 몸길이는 14~16mm다. 녹색형과 갈색형
이 있으며 앞날개가 장시형인 개체도 드물게 나타난다.

긴꼬리쌕쌔기 암컷 우리나라 쌕쌔기 가운데 산란관이 가장 길   긴꼬리쌕쌔기 암컷 산란관 길이는 26~30mm다.
다. 이름의 '꼬리'는 암컷의 산란관을 가리킨다.

긴꼬리쌕쌔기 암수 전국적으로 분포하며 뒷날개 끝까지의 길이는 24~31mm다.

긴꼬리쌕쌔기 수컷 밤낮으로 활발하게 울며 밤에 주로 풀씨를 갉아 먹는다고 한다.

쌕쌔기의 크기를 짐작할 수 있다.

쌕쌔기 암컷 뒷날개 끝까지의 길이는 14~20mm, 산란관 길이는 7mm다.

쌕쌔기 앞날개는 보통 장시형이며 주로 낮에 운다.

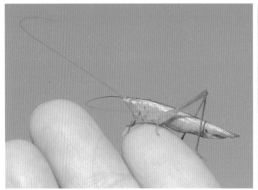

쌕쌔기의 크기를 짐작할 수 있다.

쌕쌔기는 '쌕—쌕' 하고 울어서 붙인 이름이다.

쌕쌔기 수컷 날개가 배 끝을 넘는다. 경작지 주변이나 습지 등에서 눈에 잘 띈다.

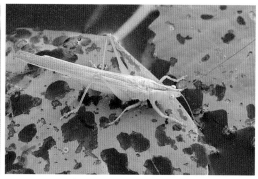

쌕쌔기 수컷 울음판이 뚜렷하다. 몸이 가늘어 북한에서는 '가는여치'라고 한다.

쌕쌔기 아랫면

쌕쌔기 주로 낮에 활동한다.

쌕쌔기 약충 윗면이 짙은 색이다.

쌕쌔기 암컷 산란관은 단검 모양이며 위로 약간 휘었고 뒷날개를 넘지 않는다.

매부리 암컷 얼굴이 매부리코와 비슷하게 생겨서 붙인 이름이다.

매부리 암컷 약충 잡식성으로 식물의 씨앗과 작은 곤충을 잡아 먹는다.

매부리 암컷 산란관은 곧고 끝이 뾰족하다. 산란관 길이는 22~ 27mm다.

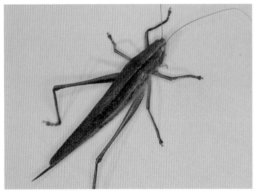

매부리 암컷 갈색형 녹색형과 갈색형이 있다.

매부리 수컷 갈색형 울음판이 선명하게 보인다. '찌~' 하고 전기 가 합선된 듯한 소리를 연속적으로 낸다.

매부리 큰턱 주변이 노란색이다. 붉은색이면 좀매부리다.

좀매부리 좀매부리 큰턱 주변이 붉은색이며 두정돌기(동그라미 부분)가 매부리보다 더 위로 솟았다.

매부리 옆모습 큰턱 주변이 노란색이다.

애매부리 앞가슴등판 양옆으로 황색선이 있다.

애매부리 암컷 갈색형 앞날개 끝까지의 길이는 33~52mm, 산란관 길이는 23~33mm다.

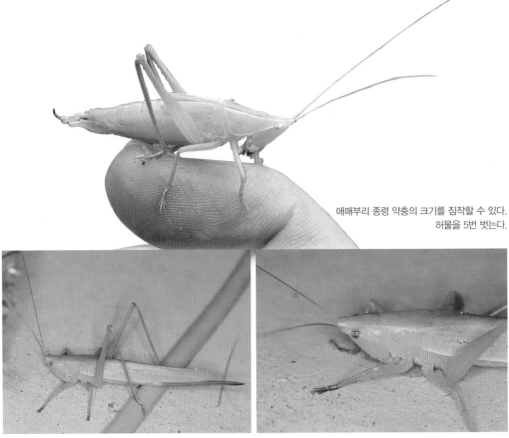

애매부리 종령 약충의 크기를 짐작할 수 있다.
허물을 5번 벗는다.

왕매부리 암컷 몸길이는 31~38mm, 머리에서 날개 끝까지 길이는 45~50m로 매부리보다 크다. 녹색형과 갈색형이 있다.

왕매부리 앞가슴등판 옆 가두리가 밝은색이라 매부리와 구별된다.

꼬마여치베짱이 좀매부리, 각시메뚜기처럼 성충으로 월동하기 때문에 봄에 성충을 볼 수 있다.

꼬마여치베짱이 날개에 울림판이 있는 것으로 보아 수컷이다. 날개를 비벼서 매우 큰 소리로 운다. 제주도와 남부지방에 주로 산다.

어리쌕쌔기아과(여치과)

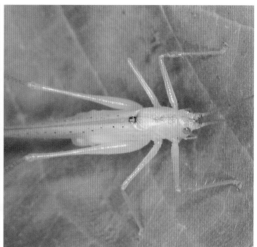

어리쌕쌔기 앞가슴 가운데를 따라 황백색 세로줄이 있다. 주로 밤에 활동하며 작은 곤충을 잡아먹는 육식성이다. 쌕쌔기와 비슷하다는 뜻으로 쌕쌔기붙이라고도 한다.

어리쌕쌔기 앞날개 끝까지 길이가 22~25mm다.

어리쌕쌔기 암컷의 크기를 짐작할 수 있다. 산란관 길이는 9~11mm다.

어리쌕쌔기 약충 몸 중심선을 따라 밝은 줄무늬가 있다.

등줄어리쌕쌔기 앞가슴등판 양쪽 가두리를 따라 가로 띠무늬
가 나타난다. 앞날개 끝까지의 길이는 21~23mm다.

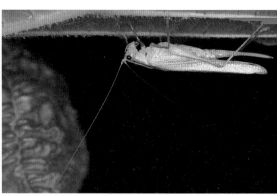

등줄어리쌕쌔기 암컷 산란관은 곧고 끝이 날카롭다. 산란관 길이
는 9~10mm다.

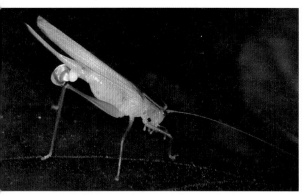

등줄어리쌕쌔기 암컷 짝짓기 후에 정포를 매달고 있다.

등줄어리쌕쌔기 암컷 정포가 선명하게 보인다.

등줄어리쌕쌔기 암컷 밤에 정포를 먹어버려 낮에는 보기 힘들다.

등줄어리쌕쌔기 수컷 작은 곤충을 사냥해 잡아먹는다.

● 어리여치과

민어리여치 수컷 밤에 바닥을 돌아다닌다.

민어리여치 어리여치와 비슷하지만 성충이 되어도 날개가 없다.

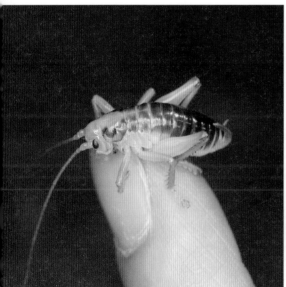

민어리여치의 크기를 짐작할 수 있다. 몸길이는 14~18mm다.

민어리여치 암컷 수컷보다 조금 크고 산란관이 약간 위로 휘었
다. 산란관 길이는 7~9mm다.

민어리여치 약충 성충보다 색이 흐리다.

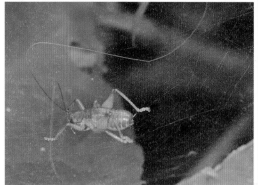

낮에 본 민어리여치 겨울에는 산의 낙엽층 속에서 숨어 지낸다.

민어리여치 더듬이가 매우 길다. 주로 밤에 활동하며 낮에는 입
에서 실을 토해내 잎사귀를 엮고 그 속에서 숨어 지낸다.

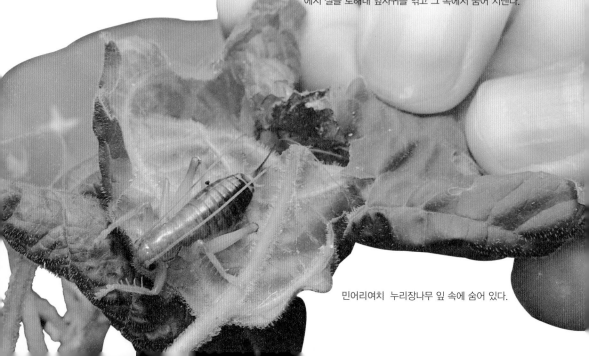

민어리여치 누리장나무 잎 속에 숨어 있다.

꼽등이아과(꼽등이과)

▦ 장수꼽등이 암컷 학명 *Diestrammena unicolor*의 unicolor 는 한 가지 색이라는 뜻이며, 몸 색이 단조롭다. 민꼽등이라 고도 한다. 산란관 길이는 12~16mm다.

▦ 장수꼽등이 수컷 검정꼽등이와 비슷하지만 겹눈 위아래로 검은색 줄무늬가 있어 구별된다.

▰ 장수꼽등이 날개가 없고 등이 굽었다. 몸길이는 16~25mm다.

▦ 장수꼽등이 약충 눈 위아래에 검은색 줄이 선명하다.

▦ 장수꼽등이 약충 주로 밤에 돌아다닌다. 약충으로 월동한다.

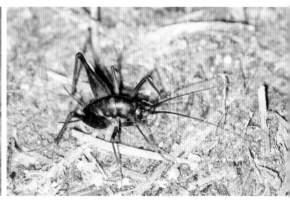

■■ 알락꼽등이 암컷 무광택이며 몸이 얼룩덜룩하다. 산란관 길이는 10∼15mm다.

■■ 알락꼽등이 수컷 전국적으로 분포하며 범세계종이다. 몸길이는 12∼18mm다.

■■ 알락꼽등이 약충 성충처럼 몸이 얼룩덜룩하다. 10∼11번 허물을 벗으며 약충이나 성충으로 월동한다.

꼽등이 전국적으로 분포한다. 산란관은 몸길이 정도로 10∼17mm다.

꼽등이의 크기를 짐작할 수 있다.

꼽등이 곱등이의 센말로, 한국굴꼽등이라고도 한다.

꼽등이 허물벗기 허물벗기를 마치면 자신의 허물을 먹어 치운다.

꼽등이 수컷 몸길이는 13∼20mm다.

꼽등이는 잡식성으로 약충으로 월동한다.

꼽등이 암컷 제주거저리를 사냥하고 있다.

검정꼽등이 암컷 검은색이며 특별한 무늬는 없다.

검정꼽등이 수컷 별다른 무늬가 없이 검은색이다. 몸길이는
10~16mm이며, 약충으로 월동한다.

검정꼽등이가
매미나방 사체를
먹고 있다.

검정꼽등이 암컷 전국적으로 분포하며 산란관 길이는 8~10mm다.

긴꼬리아과(귀뚜라미과)

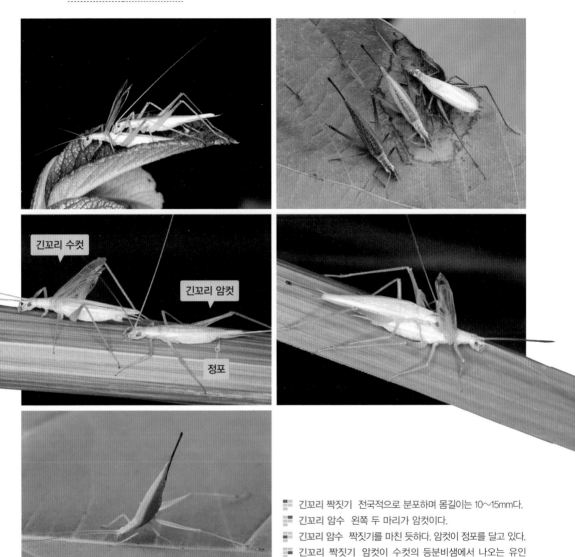

긴꼬리 수컷

긴꼬리 암컷

정포

긴꼬리 짝짓기 전국적으로 분포하며 몸길이는 10~15mm다.

긴꼬리 암수 왼쪽 두 마리가 암컷이다.

긴꼬리 암수 짝짓기를 마친 듯하다. 암컷이 정포를 달고 있다.

긴꼬리 짝짓기 암컷이 수컷의 등분비샘에서 나오는 유인 물질을 먹고 있는 동안 짝짓기가 이루어진다.

긴꼬리 암컷 산란관이 꼬리처럼 길다. 산란관 길이는 10mm다.

■■ 긴꼬리 수컷 마찰 기관이 발달했다. 잡식성으로 꽃가루를
먹거나 진딧물을 잡아먹는다.
■■ 긴꼬리 수컷 소리를 증폭시키기 위해 잎을 뚫고 그 뒤에서
날개를 비비고 있다.
■■ 긴꼬리 수컷 소리를 증폭시키기 위해 잎이 겹치는 부분에
서 날개를 비비고 있다.
■■ 긴꼬리 약충 흰색에 가까운 미색으로 꽃에서 많이 보인다.
■■ 긴꼬리 약충 칡잎 뒤에 숨어 밤을 보내고 있다. 수컷은 울
음소리가 아름답기로 유명하다.

- 먹귀뚜라미 수컷 날개가 중시형으로 배 절반 이상을 덮지만 배 끝까지 이르지 못한다. 몸 전체가 검은색이다.
- 먹귀뚜라미 암컷 날개는 단시형으로 배의 절반 정도다. 산란관 길이는 11∼14mm다.
- 먹귀뚜라미 수컷의 크기를 짐작할 수 있다. 몸길이는 15∼19mm다.
- 먹귀뚜라미 애벌레로 2번 월동하며 성충은 5∼8월 연 1회 나타난다. 봄부터 나타나며 주로 낮에 운다.
- 먹귀뚜라미 약충 날개가 없으며 완전히 검은색이다.

쌍별귀뚜라미 사육종으로(고슴도치 먹이 등) 범세계종이다. 우리나라에는 상업용으로 1999년 일본에서 들여왔다.

쌍별귀뚜라미 앞날개 기부에 노란색 무늬가 한 쌍 있다. 몸길이는 24~29mm, 산란관 길이는 14~15mm다.

왕귀뚜라미 암컷 산란관이 넓적다리마디보다 1.5배 정도 길다. 산란관 길이는 19~22mm다.

왕귀뚜라미 겹눈 안쪽 가장자리를 따라 밝은 띠무늬가 나타난다. 몸길이는 17~24mm다.

왕귀뚜라미 얼굴

왕귀뚜라미 수컷 굴을 파고 그 속에서 울음소리를 내서 암컷을 불러들여 짝짓기를 한다.

왕귀뚜라미 어린 약충 6월부터 보이기 시작한다. 등 쪽을 가로지르는 하얀색 줄무늬가 뚜렷하다. 9번 허물을 벗고 성충이 된다.

야산알락귀뚜라미 몸길이는 11~14mm, 알락귀뚜라미보다 조금 작다. 사진으로는 구별하기 어렵다. 참고용으로 싣는다.

야산알락귀뚜라미 장시형과 단시형이 있다. 뒷날개가 배 끝을 훨씬 넘는 장시형이다.

야산알락귀뚜라미 수컷 옆모습 머리가 납작하게 기울어진 모양이다.

청솔귀뚜라미(귀뚜라미과 청솔귀뚜라미아과) 몸길이는 20~25mm로 몸 색이 갈색이나 검은색 계열이 많은 대부분의 귀뚜라미와는 달리 여치나 메뚜기처럼 선명한 녹색인 것이 특징이다.

청솔귀뚜라미 산란관 날개가 배 전체를 덮고 있는 것이 특징이며, 암컷의 산란관도 날개에 가려져서 잘 보이지 않는다.

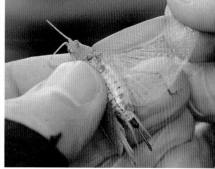

청솔귀뚜라미 날개

알락방울벌레아과(귀뚜라미과)

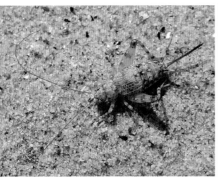  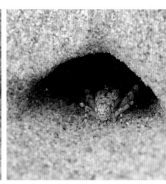

■■ 모래방울벌레 모래밭에서 살며 보호색을 띤다. 해변방울벌레라고도 한다. 몸길이는 7〜8mm, 산란관 길이는 3〜4mm다.

■■ 모래방울벌레가 모래에 굴을 파고 숨어 있다.

■■ 모래방울벌레 얼굴 강과 바다의 모래땅 근처 식물 줄기에서 산다.

■■ 여울알락방울벌레 크기가 작은 방울벌레로 몸이 얼룩덜룩하다. 몸길이는 8〜9mm다.

■■ 여울알락방울벌레의 크기를 짐작할 수 있다.

■■ 여울알락방울벌레 작은턱수염 끝이 하얀색이다. 검은색이면 알락방울벌레다.

좀방울벌레 머리에 세로줄이 있고 등에
독특한 무늬가 있다. 몸길이는 6〜8mm
정도다. 애벌레는 7번 허물을 벗는다.

풀종다리아과(귀뚜라미과)

먹종다리 수컷 몸 전체가 검은색이다. 귀뚜라미 종류이지만 울지 못한다.

먹종다리 암컷 날개가 수컷보다 밝은 편이다. 배 끝에 검은색 산란관이 보인다. 산란관 길이는 2mm 정도다.

먹종다리 암컷 더듬이가 매우 길다.

먹종다리 몸길이는 5~7mm다.

먹종다리의 크기를 짐작할 수 있다.

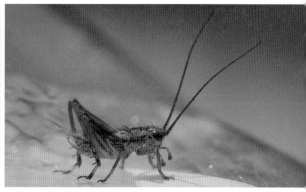

먹종다리는 약충 상태로 겨울을 난다.(12월 26일 관찰)

풀종다리 전국적으로 분포하며 더듬이가 매우 길다.

풀종다리 수컷 밤낮으로 잘 운다. 몸길이는 6~7mm다.

풀종다리 수컷의 크기를 짐작할 수 있다.

풀종다리 수컷 날개맥이 잘 발달했다.

풀종다리 암컷 산란관은 위로 휘어진 바늘 모양이며 꼬리털보다 짧다.

풀종다리 암컷 꼬리털 사이에 산란관이 보인다. 산란관 길이는 3mm 정도다.

방울벌레 울음소리가 방울 소리처럼 아름다워서 붙인 이름이
다. 성충은 8~10월에 1년에 1회 나타난다.

방울벌레 수컷 암컷을 부르기 위해 날개를 비벼 소리를 내고 있
다. 주로 밤에 활동한다.

방울벌레 암컷의 크기를 짐작할 수 있다. 앞날개 끝까지의 길이는 17~18mm, 산란관 길이는 12~13mm다.

홀쭉귀뚜라미아과(귀뚜라미과)

홀쭉귀뚜라미 몸이 가늘고 홀쭉하며 암컷 산란관은 가늘고 몸길이만큼 길다. 몸길이는 11~12mm다.

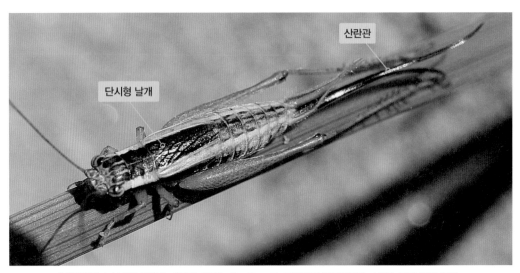

산란관

단시형 날개

홀쭉귀뚜라미 날개와 산란관 산란관 길이는 12~13mm다. 귀뚜라미 종류이지만 소리를 내지 않아 북한
에서는 '벙어리귀뚜라미'라고 한다.

● 땅강아지과

땅강아지 수컷 전국적으로 분포한다. 몸길이는 23~34mm다.

땅강아지 수컷 날개맥이 암컷과 다르다.

땅강아지 암컷 여치아목에 속하지만 더듬이도 짧고 산란관
이 퇴화하여 밖으로 튀어나오지 않았다.

땅강아지 약충

땅강아지 어린 약충

■ 땅강아지 어린 약충의 크기를 짐작할 수 있다.

■ 땅강아지 어린 약충

■ 땅강아지 어린 약충

■ 땅강아지 약충 보통 8번 이상의 허물을 벗으며 성충이 되기까지 1년 이상이 걸린다.

■ 땅강아지 앞다리 땅을 파기 좋게 생겼다. 암컷은 굴을 파서 알을 낳고 일정 기간 새끼를 돌보는 보육 행동을 보인다.

메뚜기아목

메뚜기류의 더듬이는 몸길이보다 짧고 굵으며 30마디 이하로 이루어져 있습니다. 메뚜기아목에 속하는 모든 종류가 청각기관이 있는 것은 아니지만, 대개 청각기관은 여치아목와 달리 첫 번째 배마디에 있습니다.

보통 앞날개와 뒷다리를 비벼서 소리 내며 암컷의 산란관은 여치아목의 암컷처럼 배 끝에서 선명하게 보이지 않습니다. 두 쌍의 산란관은 짧고 억센 갈고리 모양으로 이루어져 있어 날개가 길면 잘 보이지 않습니다.

짝짓기는 보통 작은 수컷이 커다란 암컷의 등 위로 올라타서 이루어지며 알은 대개 땅속에 거품과 함께 한꺼번에 낳습니다.

메뚜기류 생김새

발목마디 수에 따라 크게 좁쌀메뚜기상과, 모메뚜기상과, 메뚜기상과의 3개 상과로 나눕니다. 발목마디 수는 앞-가운데-뒷다리 순으로 좁쌀메뚜기상과가 2-2-1, 모메뚜기상과가 2-2-3, 메뚜기상과가 3-3-3입니다.

메뚜기아목 역시 여치아목과 마찬가지로 이름만으로 분류하기가 힘듭니다. 등검은메뚜기나 끝검은메뚜기가 같은 분류군에 속할 것 같지만 끝검은메뚜기는 풀무치아과, 등검은메뚜기는 등검은메뚜기아과에 속합니다. 또 청분홍메뚜기, 강변메뚜기, 발톱메뚜기는 이름만 보면 메뚜기아과에 속할 것 같지만 이들은 모두 풀무치아과에 속하고 정작 메뚜기아과에는 '메뚜기' 이름이 포함된 메뚜기가 없고 방아깨비와 딱따기만 속합니다.

이런 복잡한 분류군을 이해하기란 쉽지 않습니다. 다음의 표로 우리나라 각 메뚜기들이 어떤 위치로 분류되는지 간단히 살펴보기로 합니다.

● 좁쌀메뚜기과(좁쌀메뚜기상과)

좁쌀메뚜기 우리나라 메뚜기 가운데 가장 작다. 몸 길이는 4~5mm다.

좁쌀메뚜기의 크기를 짐작할 수 있다.

좁쌀 메뚜기상과	좁쌀메뚜기과	좁쌀메뚜기		
모메뚜기상과	모메뚜기과	가시모메뚜기아과	가시모메뚜기	
		모메뚜기아과	장삼모메뚜기, 참볼록모메뚜기, 뾸모메뚜기, 광대모메뚜기, 야산모메뚜기, 모메뚜기, 꼬마모메뚜기	
메뚜기목 메뚜기아목	섬서구메뚜기과	분홍날개섬서구메뚜기 섬서구메뚜기		
	주름메뚜기과	뚱보주름메뚜기		
	메뚜기상과 메뚜기과	벼메뚜기아과	애기벼메뚜기, 우리벼메뚜기	
		밑들이메뚜기아과	민날개밑들이메뚜기, 한국민날개밑들이메뚜기, 긴날개밑들이메뚜기, 원산밑들이메뚜기, 제주밑들이메뚜기, 참밑들이메뚜기, 한라북방밑들이메뚜기, 참북방밑들이메뚜기, 고산밑들이메뚜기, 밑들이메뚜기, 팔공산밑들이메뚜기	
		각시메뚜기아과	각시메뚜기	
		땅딸보메뚜기아과	땅딸보메뚜기	
		등검은메뚜기아과	등검은메뚜기	
		삽사리아과	삽사리족	검정무릎삽사리, 백두산삽사리, 금빛삽사리, 삽사리
			애메뚜기족	참어리삽사리, 대륙메뚜기, 구대륙메뚜기, 북채수염수중다리메뚜기, 참날개애메뚜기, 청날개애메뚜기, 네줄청날개애메뚜기, 꼭지메뚜기, 극동애메뚜기, 한라애메뚜기, 수염치레애메뚜기, 시베리아애메뚜기, 북방애메뚜기, 긴수염애메뚜기
		메뚜기아과	방아깨비, 딱따기	
		풀무치아과	검정수염메뚜기, 벼메뚜기붙이, 끝검은메뚜기, 홍날개메뚜기, 청분홍메뚜기, 해변메뚜기, 발톱메뚜기, 풀무치, 콩중이, 팥중이, 두꺼비메뚜기, 강변메뚜기, 참홍날개메뚜기	

좁쌀메뚜기 물에 빠져도 헤엄을 잘 친다.

좁쌀메뚜기 굴을 파서 알을 낳으며 일정 기간 새끼를 돌본다.

좁쌀메뚜기 굴을 팔 때 가운뎃다리 점액선에서 점액을 분비해 벽을 튼튼하게 고정시킨다.

좁쌀메뚜기 두 번째 배마디 양옆에 냄새선이 있어 천적에게 잡히면 독특한 냄새를 뿜어낸다.

가시모메뚜기아과(모메뚜기상과 모메뚜기과)

앞가슴등판이 몸길이보다 더 길게 발달했다.

가시모메뚜기는 앞가슴등판 양옆에 뾰족한 가시 같은 돌기가 있다.

가시모메뚜기 앞가슴등판 양옆이 가시처럼 뾰족하다.

■ 가시모메뚜기 위험이 닥치면 물로 뛰어든다. 헤엄을 잘 친다.
■ 가시모메뚜기 우리나라 모메뚜기 가운데 가장 크다. 앞가
슴등판 끝까지의 길이가 14~21mm다.
■ 가시모메뚜기 드물게 녹색형도 보인다.

모메뚜기아과(모메뚜기상과 모메뚜기과)

장삼모메뚜기 장삼처럼 긴 앞가슴등판과 뒷날개가 있다.

장삼모메뚜기 북한에서는 '긴날개모메뚜기'라고 한다.

장삼모메뚜기 옆모습 긴 앞가슴등판과 뒷날개가 보인다.

장삼모메뚜기의 크기를 짐작할 수 있다. 뒷날개 끝까지의 길이가
11~16m다.

■ 장삼모메뚜기 겹눈이 개구리처럼 돌출되어 있다.
■ 장삼모메뚜기 개체마다 몸 색에서 차이가 있다.
■ 장삼모메뚜기 야간 불빛에 잘 날아온다.

■ 참볼록모메뚜기 앞가슴등판이 볼록 솟았다. 몸길이는 9∼
14mm다.
■ 참볼록모메뚜기 주로 낙엽을 먹고 살며 성충으로 월동한다.
■ 참볼록모메뚜기 다양한 체색 변이가 나타난다.

날개가 아니다. 앞가슴등판이 길게 발달한 것으로 위에서 배를 덮는다.

앞날개로 작은 비늘 조각 모양이다.

뒷날개는 앞가슴등판을 넘지 않는다.

모메뚜기 날개 구조

모메뚜기 위에서 봤을 때 앞가슴등판이 마름모 모양으로 각져 보인다.

모메뚜기 여느 모메뚜기류와 마찬가지로 성충으로 월동한다.

바닷가에서 만난 모메뚜기 다양한 곳에 서식한다.

모메뚜기 다양한 체색 변이가 나타난다. 앞가슴등판 끝까지의 길이가 8~13mm다.

● 섬서구메뚜기과(메뚜기상과)

섬서구메뚜기 얼굴이 섬서구를 닮았다.

섬서구메뚜기의 크기를 짐작할 수 있다. 앞날개 끝까지의 길이가
수컷은 23~28mm, 암컷 40~47mm다.

겨울철 논에 세워둔 볏가리를 섬서구라 한다.

섬서구메뚜기 암컷 분홍색형

섬서구메뚜기 암컷 갈색형

섬서구메뚜기 짝짓기 위에 있는 작은 개체가 수컷이다.

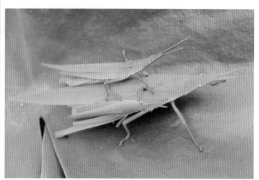

허물을 벗고 있는 섬서구메뚜기

섬서구메뚜기 녹색형 암컷과 갈색형 수컷, 녹색형 수컷

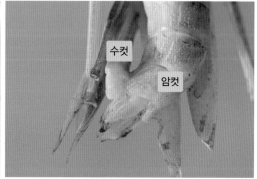

수컷

암컷

아래에서 본 섬서구메뚜기 짝짓기

섬서구메뚜기 짝짓기

섬서구메뚜기 약충

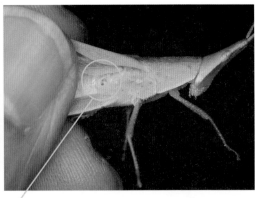

섬서구메뚜기 고막 위치

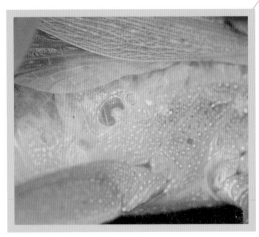

섬서구메뚜기 고막

분홍날개섬서구메뚜기 섬서구메뚜기와 비슷하게 생겼지만 속날개 색이 다르다.

섬서구메뚜기 속날개는 투명하다.

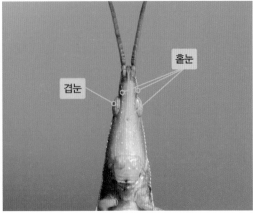

홑눈

겹눈

섬서구메뚜기 겹눈 2개, 홑눈 3개가 있다.

벼메뚜기아과(메뚜기상과 메뚜기과)

우리벼메뚜기 중국의 벼메뚜기와 달라 우리벼메뚜기란 이름을 새로 갖게 되었다. 이전에 벼메뚜기라고 부르던 종이다.

우리벼메뚜기의 크기를 짐작할 수 있다. 앞날개 끝까지의 길이가 23~40mm다.

우리벼메뚜기 논 주변에서 가장 흔하게 보이는 종이다.

우리벼메뚜기 갈색형 약충

우리벼메뚜기 녹색형 약충

우리벼메뚜기 약충 앞가슴등판에 세로줄 무늬가 뚜렷하다.

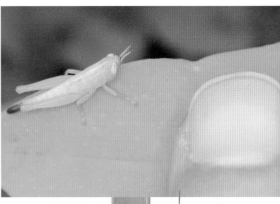

우리벼메뚜기 약충의 크기를 짐작할 수 있다.

우리벼메뚜기 어린 약충 아직 날개가 자라지 않은 어린 개체다.

우리벼메뚜기 짝짓기

우리벼메뚜기 겹눈 2개, 홑눈 3개가 있다.

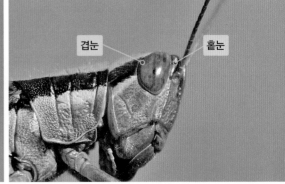

우리벼메뚜기 겹눈과 홑눈

밑들이메뚜기아과(메뚜기상과 메뚜기과)

한국민날개밑들이메뚜기 몸길이는 수컷 22~24mm, 암컷 25~28mm다. 겹눈 뒤에 검은색 줄무늬가 있다.

한국민날개밑들이메뚜기 수컷 무시형으로 날개가 전혀 없다.

한국민날개밑들이메뚜기 수컷의 크기를 짐작할 수 있다.

한국민날개밑들이메뚜기 암컷 수컷과 마찬가지로 날개가 전혀 없다.

한국민날개밑들이메뚜기 암컷 뒷다리가 붉은 개체다.

한국민날개밑들이메뚜기 암수 얼굴 아래 개체가 암컷이다.

한국민날개밑들이메뚜기 짝짓기

한국민날개밑들이메뚜기 짝짓기 뒷모습

한국민날개밑들이메뚜기 우리나라 고유종이다.

고막

한국민날개밑들이메뚜기 고막

긴날개밑들이메뚜기 밑들이메뚜기 무리 가운데 날개가 가장 길다.

긴날개밑들이메뚜기 크기를 짐작할 수 있다. 앞날개 끝까지의 길이는 수컷 24~28mm, 암컷 29~35mm다.

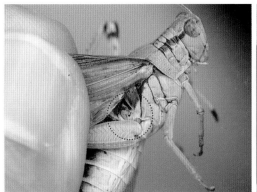

긴날개밑들이메뚜기의 고막이 보인다.

긴날개밑들이메뚜기 원산밑들이메뚜기와 비슷하지만 날개가 전체적으로 갈색이다.

긴날개밑들이메뚜기 약충 약충은 무리를 짓는 습성이 있다.

긴날개밑들이메뚜기 약충　　　　　이른 봄에 만난 긴날개밑들이메뚜기 약충　　　　긴날개밑들이메뚜기 약충　날개싹이 검
은색이다.

원산밑들이메뚜기는 긴날개밑들이메뚜기와 비슷하지만
앞날개 위쪽이 초록색인 것이 다르다.

원산밑들이메뚜기　북한의 원산에서 기록된 적이 있다.

원산밑들이메뚜기 짝짓기　위의 개체가 수컷이다.

원산밑들이메뚜기 짝짓기 위의 개체가 수컷이다.

원산밑들이메뚜기 제주도를 제외한 전국에 분포한다. 몸길이
는 수컷 22~26mm, 암컷 27~33mm다.

원산밑들이메뚜기 약충 긴날개밑들이메뚜기보다 더 얼룩덜룩하
다. 허물을 벗으면서 초록색으로 변한다.

참북방밑들이메뚜기 수컷 겹눈 뒤부터 짧은 앞날개까지 노란
색 띠무늬가 나타난다.

참북방밑들이메뚜기 수컷이 더듬이를 손질하고 있다.

참북방밑들이메뚜기 수컷 북한, 경기, 강원 등 북부지방에 주
로 서식한다.

참북방밑들이메뚜기 암컷 성충이 되어도 날개가 비늘 조각 모양
으로 자란다.

참북방밑들이메뚜기 암컷 몸길이는 수컷 24~30mm, 암컷
29~37mm다.

참북방밑들이메뚜기 암컷의 크기를 짐작할 수 있다.

고산밑들이메뚜기 수컷 날개가 비늘 조각 모양인 미시형이다. 몸길이는 수컷 18~23mm, 암컷 25~29mm다.

고산밑들이메뚜기 암컷 북한, 강원, 울릉도 등지의 고도가 높은 풀밭에 드물게 서식한다.

밑들이메뚜기의 날개는 아주 작다.

밑들이메뚜기 짝짓기 위의 개체가 수컷이다.

밑들이메뚜기 암컷 북한, 강원, 경기 등 중·북부지방에 서식한다. 몸길이는 18~23mm다.

밑들이메뚜기 약충 어린 약충일 때는 더듬이에 고리 무늬가 나타난다.

팔공산밑들이메뚜기 밑들이메뚜기와 외형적으로 구별이 어렵다.

팔공산밑들이메뚜기 대구 팔공산에서 처음 발견된 종으로 경상, 전라, 제주 등 주로 남부지방에 서식하는 한국 고유종이다. 몸길이는 수컷 18~22mm, 암컷 23~29mm다.

팔공산밑들이메뚜기 약충 지리산에서 만난 개체다.

각시메뚜기(메뚜기과 각시메뚜기아과) 몸길이는 40~50mm이다. 흙메뚜기·일본등줄메뚜기·땅메뚜기라고도 한다. 전체적으로 밝은 갈색을 띠고 있으나 황색과 적색을 띠기도 한다.

각시메뚜기(메뚜기과 각시메뚜기아과) 제주도를 포함한 중남부 지역에 주로 분포하고 있으며, 메뚜기목 곤충 가운데 특이하게 어른 벌레로 겨울나기를 한다.

각시메뚜기 기후변화 지표종이다. 크기를 짐작할 수 있다.

각시메뚜기 겹눈 아래쪽에 '눈물 자국'이라고 하는 짙은 세로줄 무늬가 나타나는 것이 특징이다.

땅딸보메뚜기(메뚜기과 땅딸보메뚜기아과) 암컷 몸이 땅딸막해서 붙인 이름이다.

땅딸보메뚜기 수컷 등검은메뚜기와 비슷하게 생겼지만 몸이 짧고 땅딸막하다. 뒷다리의 넓적다리마디가 매우 발달했다.

땅딸보메뚜기 수컷 전국적으로 서식한다. 몸길이는 수컷 17~23mm, 암컷 27~34mm다.

등검은메뚜기아과(메뚜기상과 메뚜기과)

등검은메뚜기 앞가슴등판의 윗면이 검은색이라 붙인 이름이다.

등검은메뚜기 암컷 수컷보다 훨씬 크다. 몸길이는 수컷 25~32mm, 암컷 37~41mm다.

등검은메뚜기의 크기를 짐작할 수 있다.

등검은메뚜기 짝짓기 위의 개체가 수컷이다.

등검은메뚜기를 손으로 잡자 입에서 방어 물질을 토해내고 있
다. 소화액이다.

등검은메뚜기 약충 성충처럼 앞가슴등판이 검은색이다.

메뚜기아과(메뚜기상과 메뚜기과)

방아깨비 암컷의 크기를 짐작할 수 있다.

방아깨비 갈색형 암컷 앞날개 끝까지의 길이는 68~86mm다.

방아깨비 분홍색 무늬가 있는 개체다.

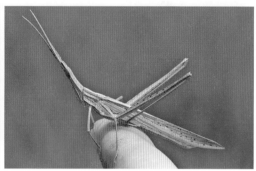

방아깨비 갈색형 수컷 몸길이는 42~55mm다.

방아깨비 짝짓기 위의 작은 개체가 수컷이다.

방아깨비 약충

방아깨비 암수

분홍색을 띤 방아깨비 약충

방아깨비 산란 땅을 파고 알을 낳는다.

방아깨비 고막

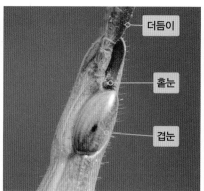
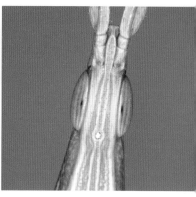

방아깨비 얼굴

방아깨비 겹눈과 홑눈

방아깨비 얼굴 겹눈 사이에 있는 하얀 색 점은 홑눈이다.

풀무치아과(메뚜기상과 메뚜기과)

끝검은메뚜기 수컷 앞날개 끝이 검은색이다.

끝검은메뚜기 암컷 날개 끝의 검은색이 선명하지 않다. 앞날개 끝까지의 길이는 40~50mm다.

끝검은메뚜기 수컷 전국적으로 분포하며 수컷 날개는 장시형이다. 앞날개 끝까지의 길이는 31~40mm다.

청분홍메뚜기 종아리마디에 청색과 분홍색이 나타나지만 갈색
형에서는 잘 나타나지 않는다.

청분홍메뚜기의 크기를 짐작할 수 있다. 앞날개 끝까지의 길이는
수컷 26～30mm, 암컷 31～39mm다.

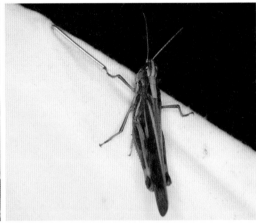

청분홍메뚜기 갈색형과 녹색형이 있으며 날개는 장시형이다.

청분홍메뚜기 기부 안쪽이 밝은 녹색이다.

해변메뚜기 바닷가 모래밭에 서식한다. 개체 수가 적다.

해변메뚜기 암수 크기를 짐작할 수 있다. 앞날개 끝까지의 길이
는 수컷 27～29mm, 암컷 36～39mm다.

해변메뚜기와 발톱메뚜기

발톱메뚜기 붉은형

발톱메뚜기 색깔 변이가 매우 다양하다. 앞날개 끝까지의 길이 는 수컷 21~26mm, 암컷 27~35mm다.

발톱메뚜기 붉은형 윗면

발톱메뚜기 녹색형

발톱메뚜기 약충

발톱메뚜기 짝짓기 위의 개체가 수컷이다.

발톱메뚜기 해변메뚜기와 비슷하게 생겼지만 발톱 사이의 욕반이 더 발달했다.

앞날개

뒷날개

고막

발톱메뚜기 날개와 고막

홑눈

겹눈

발톱메뚜기 겹눈과 홑눈

발톱메뚜기 얼굴

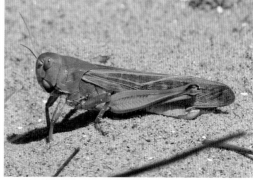

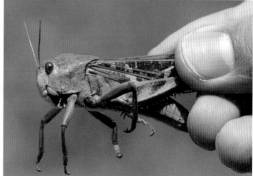

풀무치 갈색형 전국적으로 분포한다.
풀무치 녹색형 풀 사이에 묻혀 사는 곤충이라는 뜻이다.
풀무치 짝짓기
풀무치의 크기를 짐작할 수 있다. 앞날개 끝까지의 길이는
　수컷 43~70mm, 암컷 58~85mm다.
풀무치 약충
풀무치 녹색형 얼굴
콩중이 얼굴

■ 콩중이 팥중이보다는 크고 풀무치보다는 작다. 앞날개 끝
　까지의 길이는 수컷 37~43mm, 암컷 53~59mm다.

■ 콩중이 녹색형

■ 콩중이 갈색형

■ 콩중이 갈색형 약충　6번 허물을 벗는다.

■ 콩중이 녹색형 약충

■ 팥중이 갈색형
■ 팥중이 녹색형
■ 팥중이 크기를 짐작할 수 있다. 앞날개 끝까지의 길이는 수 컷 28~33mm, 암컷 39~46mm다.
■ 팥중이 약충 수컷은 5령, 암컷은 6령을 거친다.
■ 팥중이 짝짓기
■ 팥중이 녹색형 얼굴
■ 팥중이 갈색형 얼굴

두꺼비메뚜기 두꺼비처럼 몸이 우툴두툴하다.

두꺼비메뚜기 앞날개는 장시형이다.

두꺼비메뚜기 전국적으로 분포한
다. 앞날개 끝까지의 길이는 수컷
23~26mm, 암컷 30~34mm다.

두꺼비메뚜기 약충 5령을 거쳐 성충이 된다.

삽사리아과(메뚜기상과 메뚜기과)

| 삽사리족 |

삽사리 암컷은 날개가 짧아서 마치 애벌레처럼 보인다.

삽사리 짝짓기 사사삭~ 하는 울음소리에서 비롯된 이름이다.
몸길이는 수컷 19~23mm, 암컷 24~32mm다.

삽사리 암컷

삽사리 수컷은 날개가 배끝을 넘지
못한다. 짧은 편이다.

삽사리 수컷

삽사리 약충 전국적으로 분포한다.

삽사리 종령 약충 날개가 조금 더 자랐다.

■■ **참어리삽사리** 전국적으로 분포한다.

■■ **참어리삽사리** 날개 끝이 검은색이면서 날개가 배 끝을 넘으면 수컷이다. 암컷의 날개는 배 길이보다 짧다. 수컷의 앞날개 끝까지의 길이는 30~35mm, 암컷의 배 끝까지의 길이는 31~42mm다.

■■ **참어리삽사리** 수컷 앞날개를 뒷다리의 종아리마디에 비벼 소리를 낸다.

■■ **청날개애메뚜기** 수컷 몸은 녹색이며 앞날개 폭이 넓다.

■■ **청날개애메뚜기** 수컷 앞날개 끝까지의 길이는 23~27mm다.

■■ **청날개애메뚜기** 암컷 몸이 갈색으로 수컷과 다른 종처럼 보인다.

청날개애메뚜기 암컷 몸길이는 24~31mm다.

청날개애메뚜기 약충

청날개애메뚜기 암수 녹색 개체가 수컷이다.

극동애메뚜기 팥중이와 비슷하지만 좀 더 날씬하다. 극동아시아에 널리 분포하며 우리나라에는 제주도를 제외한 전국에 서식한다. 앞날개 끝까지의 길이는 20〜30mm다.

꼭지메뚜기 암컷 몸길이는 20〜24mm다.

꼭지메뚜기 암컷 앞날개는 배 끝을 넘지 않으며 끝이 둥글다.　꼭지메뚜기의 크기를 짐작할 수 있다.

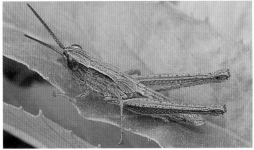

- 꼭지메뚜기 얼굴
- 꼭지메뚜기 수컷 날개는 중시형이며 끝이 둥근 원뿔형이다. 몸길이는 16~17mm다.
- 꼭지메뚜기 약충 전국적으로 분포한다. 눈 뒤에서 앞가슴 등판으로 이어지는 띠무늬가 나타난다.

- 수염치레애메뚜기 수컷 날개는 장시형이며, 기다란 수컷의 더듬이는 거의 몸길이에 이른다.
- 수염치레애메뚜기 수컷 앞날개 끝까지의 길이는 수컷 23~28mm, 암컷 27~30mm다. 북한에서는 긴날개애기메뚜기라고 한다.
- 수염치레애메뚜기 짝짓기

08
대벌레목

대벌레는 곤충강 유시아강 신시류 외시류에 속합니다. 몸이 작은 대나무 가지처럼 생겨서 붙인 이름입니다. 영어권에서는 'stick insect'라고 합니다. 머리가 작고, 더듬이는 긴 종도 있으며 짧은 종도 있습니다. 날개가 있는 종도 있고 없는 종도 있습니다. 짝짓기 없이 암컷 혼자 산란할 수 있는 처녀생식(단위생식, 단성생식)을 한다고 알려졌습니다.

직박구리 종류의 새에게 알을 가진 암컷이 먹혀서 멀리 이동하는 전략을 편다고도 합니다. 대벌레의 알이 돌멩이처럼 단단하기 때문에 가능한 일입니다. 실제로 대벌레 알은 껍질이 딱딱해 새의 위장을 그대로 통과한 뒤에 부화율이 더 높다는 연구 결과도 있습니다.

우리나라에는 대벌레, 우리대벌레, 긴수염대벌레, 분홍날개대벌레, 날개대벌레가 삽니다. 이름은 비슷하지만 각 종들이 모두 다른 과에 속해 있습니다. 그리고 우리대벌레는 우수리대벌레와 동일종이라는 자료가 있어 '우리대벌레(＝우수리대벌레)'로 표기합니다.

대벌레목	대벌레과	대벌레, 우리대벌레(=우수리대벌레)
	긴수염대벌레과	긴수염대벌레
	날개대벌레과	분홍날개대벌레, 날개대벌레

● 대벌레과

대벌레 몸길이는 100mm 내외로 연 1회 나타나며 알로 월동한다.

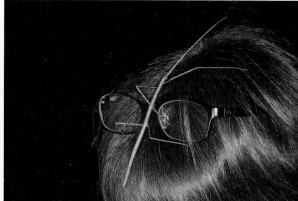

대벌레 성충의 크기를 짐작할 수 있다.

대벌레 월동한 알에서 부화한 약충의 모습이 3월 말부터 보이기 시작한다.

대벌레 약충

대벌레는 다양한 활엽수 잎을 먹으며 성장한다.

대벌레 갈색형

대벌레 녹색형

대벌레 녹색형

대벌레 아랫면

대벌레 날개가 퇴화하여 날지 못한다.

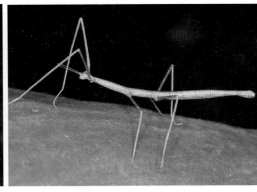

대벌레 다리가 길쭉하여 걷기에 적합한 구조다.

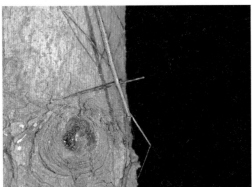

대벌레 나무에 붙어 있으면 보호색 때문에 찾기 어렵다.

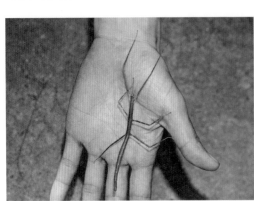

대벌레 다 자란 성충 11월까지 볼 수 있다.

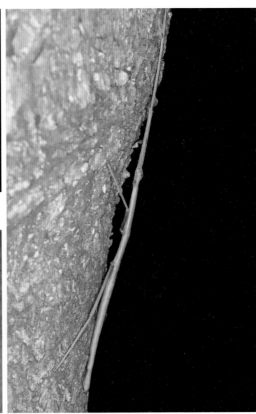

대벌레 자극을 받으면 다리를 앞뒤로 길게 뻗는다. 그래도 안 되면 바로 떨어져 죽은 척한다. 다리를 끊기도 하는데 다리는 허물을 벗으면 다시 자란다.

358

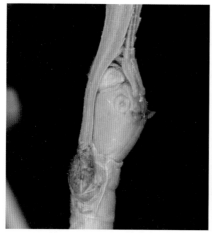

대벌레 암컷 머리에 작은 뿔 같은 돌기가 있다.

대벌레 어린 암컷 아직 뿔이 자라지 않았다. 뿔이 날 곳에 붉은 점이 보인다.

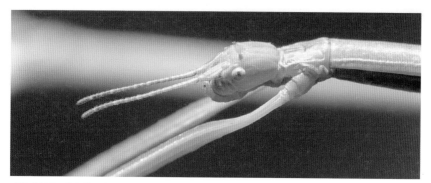

대벌레 암컷 대벌레는 단위생식을 주로 하기에 자연 상태에서 수컷 보기가 어렵다.

　　대벌레는 암수가 허물 벗는 횟수가 다릅니다. 3, 4월에 부화한 대벌레 약충 가운데 암컷은 6회, 수컷은 5회의 허물을 벗으며 성충이 됩니다. 성충이된 후 10일이 지나면 암컷은 알을 낳을 수 있는데 보통 3개월 동안 하루에 14개씩 모두 600~700개 정도의 알을 낳는다고 합니다.

　　대벌레는 허물을 벗고 나면 자기 허물을 먹습니다. 흔적을 없애기 위함이기도 하고 허물에 남아 있는 양분을 섭취하기 위해서입니다.

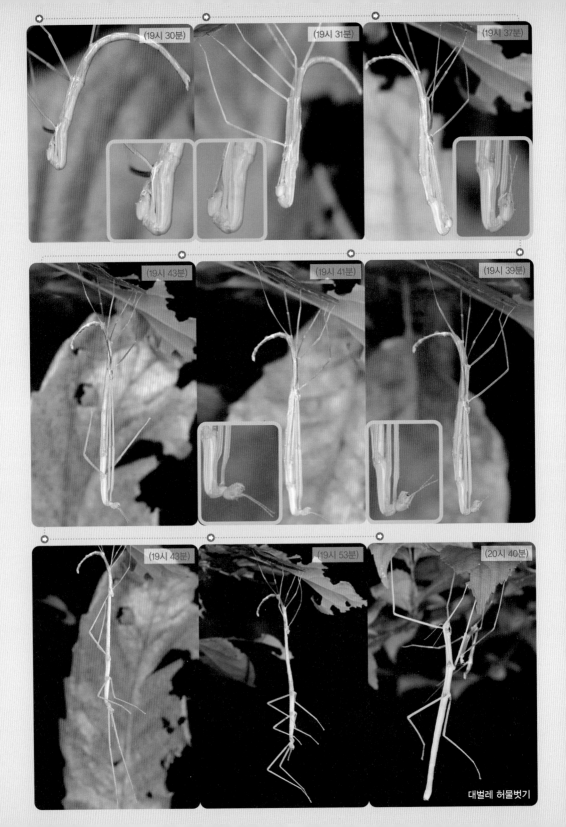

(19시 30분) (19시 31분) (19시 37분)

(19시 43분) (19시 41분) (19시 39분)

(19시 43분) (19시 53분) (20시 40분)

대벌레 허물벗기

대벌레 약충의 크기를 짐작할 수 있다.

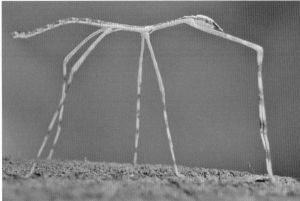

대벌레는 허물을 다 벗고 난 후 몸이 굳어져 움직일 수 있을 때
까지 기다린다. 그 후 자신의 허물을 먹어 치운다.

다리가 매우 길다. 자극을 받으면 몸을 좌우로 흔들며 위협하는
특성이 있다.

숲에서 보면 대벌레가 죽은 듯이 나무에 매달려 있는 모습이 가끔 보입니
다. 좀 더 자세히 살펴보면 초록색 곰팡이가 마디마다 붙어 있습니다. 곤충의
천적 중 하나인 녹강균입니다. 녹강균은 '푸름굳음병균'이라고도 하는데 대
표적인 곤충 기생성 병원균입니다. 이 균에 감염되면 처음에는 하얀색 포자
가 피어나는 듯이 보이다가 시간이 지나면 녹색 균이 온몸을 뒤덮고 마침내
굳어버립니다. 곤충은 우윳빛 포자가 피어나는 순간 죽습니다.

녹강균에 감염된 대벌레

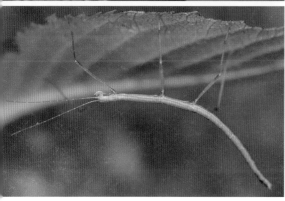

- 긴수염대벌레 몸길이는 70～100mm다. 대벌레와 비슷하게 생겼지만 더듬이가 훨씬 더 길다. 암컷의 머리에도 뿔 같은 돌기가 없다.
- 긴수염대벌레 약충 알로 월동하며 3,4월쯤 애벌레가 나온다.
- 긴수염대벌레 약충의 크기를 짐작할 수 있다.
- 긴수염대벌레 여러 가지 활엽수의 잎을 먹으며 성장한다. 암컷은 6번, 수컷은 5번 허물을 벗는다.
- 긴수염대벌레 위협을 느끼면 죽은 척하거나 다리나 더듬이를 자른다. 잘린 곳은 허물을 벗을 때 조금씩 자란다.

긴수염대벌레 더듬이가 앞다리 길이 정도다. 대벌레와 다른 점이다.

긴수염대벌레 날개가 퇴화하여 날지 못한다. 나무 위나 잎 위를 걸어 다니면서 생활한다.

밤에 만난 긴수염대벌레 성충

긴수염대벌레의 크기를 짐작할 수 있다.

긴수염대벌레 갈색형

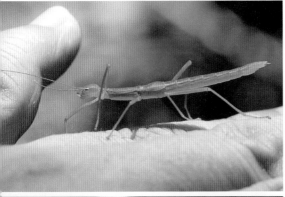

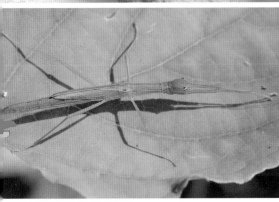

■ 분홍날개대벌레 몸길이는 40~45mm다. 속날개가 분홍색이라 붙인 이름이다.

■ 분홍날개대벌레 대벌레나 긴수염대벌레와 달리 날개가 있다. 앞날개는 다 자라도 배 절반 정도에만 미친다. 속날개가 분홍색이다.

■ 분홍날개대벌레 약충은 밤나무나 상수리나무 등의 잎을 먹으며 성장한다. 봄에 부화하는 개체와 여름에 부화하는 개체가 있어 봄부터 가을까지 성충과 약충을 볼 수 있다.

■ 분홍날개대벌레 더듬이가 가늘고 길다. 수컷의 더듬이는 몸길이보다 길다.

■ 분홍날개대벌레 성충 날개가 몸의 절반 정도를 덮는다.

■ 분홍날개대벌레 위에서 본 얼굴
■ 분홍날개대벌레 앞에서 본 얼굴
■ 분홍날개대벌레 암컷이 산란하고 있다.
■ 분홍날개대벌레 알이 막 나오고 있다.
■ 분홍날개대벌레 속날개가 분홍색이다.

09 다듬이벌레목

다듬이벌레는 곤충강 유시아강 신시류 외시류에 속하며 우리나라에는 12종 가량 산다고 알려졌습니다. 잡식성으로 주로 조류나 균류를 먹습니다. 날개 맥은 단순하며 약충일 때는 모여 사는 군집생활을 하지만 성충이 되면 단독 생활을 합니다. '책좀'이나 '나무껍질좀'이라고도 합니다.

● 다듬이벌레과

검정수염다듬이벌레 몸길이는 7mm 내외로 더듬이가 매우 길다.　검정수염다듬이벌레 날개맥은 단순하다.

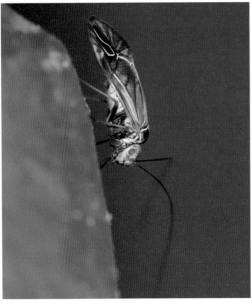

검정수염다듬이벌레 배 아랫면은 하얀색이다.

검정수염다듬이벌레 겹눈은 크며 날개에 독특한 하얀색 무늬가 나타난다.

검정수염다듬이벌레 발음기가 따로 없고 자신의 몸을 두드려서 소리를 내는데 이 소리가 다듬이 방망이질 소리와 비슷하다고 해서 붙인 이름이다.

검정수염다듬이벌레 밤에 불빛에도 날아온다.

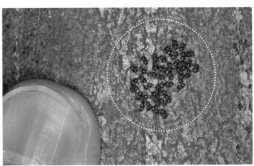

검정수염다듬이벌레 약충의 크기를 짐작할 수 있다.

검정수염다듬이벌레 약충일 땐 모여서 산다.

검정수염다듬이벌레 약충

검정수염다듬이벌레 성충

검정수염다듬이벌레 더듬이 기부는
밝은 갈색이며 배 윗면에 가로 띠무
늬가 나타난다.

검정수염다듬이벌레 새똥에 있다. 새똥을 먹는지는 확
인하지 못했다.

검정수염다듬이벌레 조류(말류)와
균류를 먹으며 산다고 알려졌다.

다듬이벌레류(06. 17.)

다듬이벌레류(11. 15.)

10
총채벌레목

총채벌레는 곤충강 유시아강 신시류 외시류에 속하며, 보통 0.5∼10밀리미터
로 작은 곤충입니다. 육식성도 있지만 대부분 식물을 먹고 삽니다. 날개맥이
퇴화한 날개가 총채(먼지떨이)처럼 보여 붙인 이름입니다.

● 관총채벌레과

관총채벌레류 약충이 구름송편버섯에 모여 있다.(06. 05.)

관총채벌레류 애벌레 더듬이는 길며 배 끝이 뾰족하고 검은색이다.

관총채벌레류 일주일 후 다시 갔을 때에는 검은색 성충이 보였다. 어린 애벌레, 종령 애벌레, 성충이 같이 있다.(06. 12.)

11

노린재목

노린재목 곤충은 번데기를 만들지 않는 외시류 노린재군에 속하는 곤충으로, 찔러서 빨아 먹는 입(입틀)이 있습니다.

노린재아목, 매미아목, 진딧물아목 등으로 분류하며 모두 빨아 먹는 입이 있는 곤충들이지요. 노린재아목은 육지에서 서식하는 육서 노린재와 물에서 서식하는 수서 노린재로 나뉘는데 이 책에서는 주로 육서 노린재를 다룹니다. 수서 노린재는 필자의 『와, 물맴이다』(2016, 지성사)를 참조해주세요.

노린재아목	육서 노린재	광대노린재, 땅노린재, 침노린재, 쐐기노린재, 장님노린재, 뿔노린재 등
	수서 노린재	장구애비, 물자라, 소금쟁이, 게아재비 등
매미아목		매미, 꽃매미, 거품벌레, 매미충, 상투벌레, 멸구, 선녀벌레 등
진딧물아목		나무이, 진딧물, 깍지벌레, 면충 등

노린재아목

이름은 노린내가 나는 곤충이라는 뜻입니다. '오이밭의 누런 방패를 닮은 벌레'라는 재미있는 표현도 있습니다. 영어권에서는 'true bugs'라고 합니다.

학명 *Hemelytra*의 의미는 날개가 혁질과 막질 두 부분으로 되어 있다는 뜻입니다. 노린재가 여느 곤충과 다른 점을 날개에서 찾은 겁니다. 실제로 대부분의 노린재 날개를 보면 앞날개가 위는 단단한 가죽질(혁질)이고 아래쪽은 그물 같은 날개(막질)로 되어 있습니다. 물론 속날개는 그물질인 막질로 되어 있고요. 이 때문에 노린재를 이시목異翅目(날개의 형태가 다른 곤충) 또는 반시목半翅目(날개가 반반인 곤충) 등으로 부르기도 합니다.

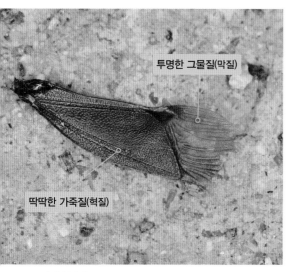

노린재 앞날개

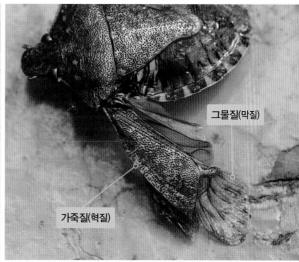

노린재 날개 구조

가죽(혁질)날개 그물(막질)날개

노린재 날개

앞날개 혁질 뒷날개(속날개)

앞날개 막질

얼룩대장노린재 날개 구조

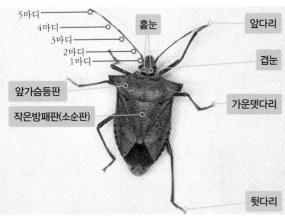

5마디
4마디
3마디
2마디
1마디

홑눈 앞다리

겹눈

가운뎃다리

앞가슴등판

작은방패판(소순판)

뒷다리

노린재 생김새(분홍다리노린재)

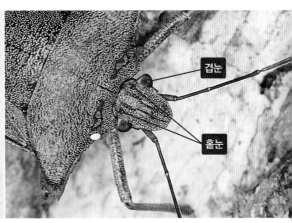

겹눈

홑눈

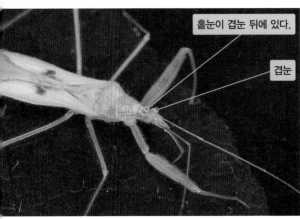

홑눈이 겹눈 뒤에 있다.

겹눈

노란긴쐐기노린재 겹눈과 홑눈

앞혹 앞깃 겹눈(홑눈은 없다.)

작은방패판

조상부

앞가슴등판

설상부

대륙무늬장님노린재

왕주둥이노린재 생김새

　　노린재의 배 위쪽을 자세히 보면 역삼각형 모양의 작은방패판이 있는데 이 부분이 노린재의 특징입니다. 하지만 광대노린재과나 알노린재과처럼 이 작은방패판이 늘어나서 배 전체를 덮어 마치 딱정벌레처럼 보이는 종도 있습니다.

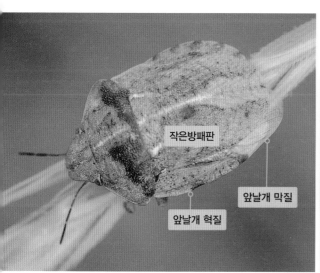

광대노린재과 날개 구조(도토리노린재)

광대노린재

녹색가위뿔노린재 냄새샘

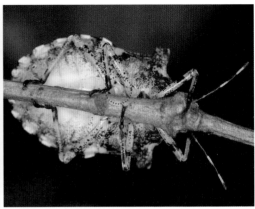
얼룩대장노린재 냄새샘

큰허리노린재 냄새샘

장수허리노린재 냄새샘

노린재 하면 무엇보다도 먼저 냄새가 떠오를 것입니다. 일부 종을 제외하고는(잡초노린재과는 냄새샘이 없음) 대부분의 노린재는 냄새샘(냄새 구멍)이 있는데 애벌레인 약충 때는 등 쪽에 있고, 성충이 되면 냄새샘이 다리가 시작되는 부분에 하나씩 있습니다. 이 냄새는 천적에게는 고약한 화학무기이지만 노린재에게는 아주 유용한 방어물질입니다. 또한 위험을 알릴 때나 짝을 찾을 때도 사용한다고 하니, 노린재에겐 없어서는 안 될 중요한 수단입니다.

번데기를 만들지 않기 때문에 허물을 벗으면서 서서히 성충으로 자라는데 보통 4~5번의 허물을 벗습니다. 애벌레와 성충의 형태 차이는 날개 유무라고 할 수 있습니다. 애벌레는 날개가 완전히 자라지 않아 날 수 없지만 허물을 벗을 때마다 날개가 서서히 커져 성충이 되면 날 수 있습니다. 성충 중에도 날개가 짧은 단시형과 날개가 긴 장시형이 있기는 하지만 애벌레와 성충은 대개 날개 유무로 구별합니다.

날개가 짧다.

노랑날개쐐기노린재(단시형)

날개가 길다.

노랑날개쐐기노린재(장시형)

광대노린재 허물벗기

막 허물을 벗은 톱다리개미허리노린재

큰허리노린재 허물벗기　　　　　　　　　탈장님노린재 허물벗기

　　주사기처럼 생긴 주둥이로 먹이를 빨아 먹는 노린재는 육식성과 초식성
으로 나누는데 대표적인 육식성 노린재는 침노린재과, 쐐기노린재과, 긴노
린재과 일부, 장님노린재과 일부(무늬장님노린재아과), 노린재과의 주둥이
노린재아과에 속하는 노린재들입니다. 이들은 곤충의 알이나 애벌레, 성충
등 다양한 육식성 먹이를 긴 주둥이로 빨아 먹습니다. 그 밖의 노린재는 초
식성입니다.

　　육식성이든 초식성이든 노린재는 모두 예비 소화 단계를 거치는데 주사기
처럼 생긴 기다란 주둥이를 먹이에 꽂아 소화효소가 포함된 침을 찔러넣은
뒤 먹이가 먹기 좋은 상태가 되었을 때 빨아 먹습니다.

　　대부분의 노린재는 커다란 겹눈 2개와 그 사이에 작은 홑눈이 2개가 있지
만, 장님노린재처럼 홑눈이 없는 노린재도 있습니다.

무당벌레 알을 먹고 있는 대륙무늬장님노린재

남색주둥이노린재 약충의 사냥

다리무늬침노린재 약충의 사냥

왕주둥이노린재 약충의 사냥

380

갈색주둥이노린재 사냥

초식성인 에사키뿔노린재의 주둥이

초식성인 제주노린재 주둥이

노린재의 천적은 사마귀 같은 육식성 곤충과 거미가 대표적이지만 진드기나 기생파리, 기생벌도 중요한 천적입니다. 이들이 노린재 수를 적절히 조절해주는 것 같습니다. 물론 잠자리나 다른 곤충처럼 백강균에 감염되기도 합니다. 숲에서 가끔 보이는 노린재동충하초균도 대표적인 천적이라고 할 수 있습니다. 흥미로운 점은 이 동충하초도 또 다른 버섯에 분해된다는 것입니다. 자연의 순환은 참 신기합니다.

노린재동충하초

노린재동충하초

노린재동충하초붙이 버섯

노린재기생파리

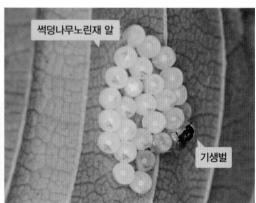

썩덩나무노린재 알

기생벌

노린재 기생벌

네점박이노린재 알에 기생벌이 붙어 있다.

노린재 알에 기생벌 종류가 붙어 있다.

갈색주둥이노린재 알에
알을 낳고 있는 기생벌

노린재 알은 여느 곤충과 달리 크기나 색깔, 모양이 굉장히 독특합니다.
알 상태로 월동하는 종도 있고, 애벌레나 성충으로 월동하는 종도 있습니다.
생각보다 많은 종이 성충으로 월동합니다.

갈색날개노린재 알

갈색주둥이노린재 알

꽈리허리노린재 알

썩덩나무노린재 알과 약충

네점박이노린재 알

알에서 약충들이 나왔다.

산느티나무노린재, 느티나무노린재, 네점박이노
린재가 이런 형태의 알을 낳는다. 비슷해서 외형
으로 구별하기가 어렵다.

크기를 짐작할 수 있다.

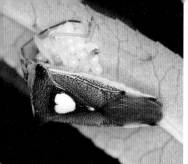

에사키뿔노린재 알   극동왕침노린재 알   푸토니뿔노린재의 알 지키기

참나무노린재 알

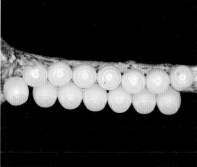

노랑배허리노린재 알   북방풀노린재 알   다리무늬침노린재 알

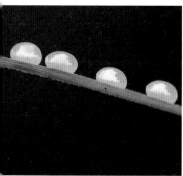

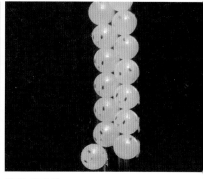

우리가시허리노린재 알   큰광대노린재 알   광대노린재 알

노린재의 짝짓기는 꽤 오랜 시간이 걸립니다. 왜 이렇게 시간이 오래 걸릴까요? 바로 수컷의 '정자 전쟁' 때문입니다. 수컷들은 자신의 후손을 남기기 위해 여러 가지 방법을 생각해냈습니다.

잠자리는 먼저 짝짓기한 수컷의 정자를 긁어내고 자신의 정자를 집어넣는 방법을, 모시나비 수컷은 짝짓기 후 암컷이 다시 짝짓기를 하지 못하게 암컷의 생식기에 이물질을 붙이기도 합니다. 이를 수태낭 또는 짝짓기 주머니라고 하지요.

노린재들은 오랫동안 짝짓기 자세를 유지해 다른 수컷이 자신의 신부와 짝짓기하는 것을 미리 차단하는 방법을 씁니다. 그래서 노린재의 짝짓기 시간이 상당히 오래 걸리는 것처럼 보입니다.

● 노린재 짝짓기

다리무늬침노린재 짝짓기

뒤창참나무노린재 짝짓기

388

광대노린재 짝짓기

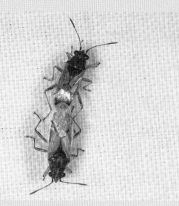

애긴노린재 짝짓기

넓적배허리노린재 짝짓기

북쪽비단노린재 짝짓기

홍비단노린재 짝짓기

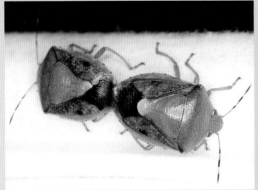

갈색날개노린재 짝짓기

깜보라노린재 짝짓기

넓적배허리노린재 짝짓기

더듬이긴노린재 짝짓기

두쌍무늬노린재 짝짓기

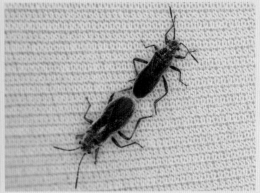

둘레빨간긴노린재 짝짓기

뒤창참나무노린재 짝짓기

배홍무늬침노린재 짝짓기

분홍다리노린재 짝짓기

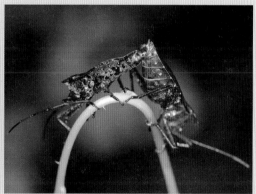

산느티나무노린재 짝짓기

큰허리노린재 짝짓기

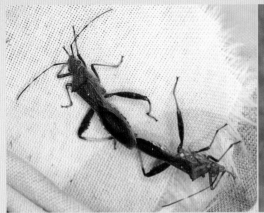

톱다리개미허리노린재 짝짓기

희미무늬알노린재 짝짓기

느티나무노린재 짝짓기

알락수염노린재 짝짓기

참가시노린재 짝짓기

메추리노린재 짝짓기

닮은애긴노린재 짝짓기

투명잡초노린재 짝짓기

붉은잡초노린재 짝짓기

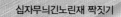

십자무늬긴노린재 짝짓기

● 노린재과

노린재목의 기본종이라고 할 수 있는 노린재과에는 노린재아과, 주둥이노린재아과, 홍줄노린재아과가 있으며, 등에 있는 역삼각형의 작은방패판이 선명하게 보이는 것이 특징입니다. 현재까지 우리나라에 70여 종이 산다고 알려졌으며 이 과에 속하는 대부분의 노린재는 초식성이지만 주둥이노린재아과에 속하는 녀석들은 육식성입니다.

　이 과에 속하는 많은 종은 성충으로 겨울을 나며, 왕주둥이노린재, 얼룩대장노린재, 왕노린재, 대왕노린재, 깜보라노린재 등 이름이 재미있는 노린재가 많습니다.

주둥이노린재아과(노린재과)

왕주둥이노린재의 크기를 짐작할 수 있다. 몸길이는 18~23mm다.

왕주둥이노린재 전국적으로 분포하며 4~10월에 보인다. 개체마다 색깔 차이가 난다.

왕주둥이노린재 적갈색 광택이 강한 개체다.

왕주둥이노린재 육식성 노린재답게 주둥이가 매우 굵다.

왕주둥이노린재 약충의 사냥

왕주둥이노린재 약충

왕주둥이노린재 약충의 사냥

왕주둥이노린재 약충

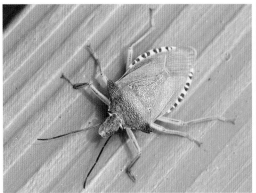

왕주둥이노린재 성충 색이 연한 개체다.

왕주둥이노린재 허물 허물을 벗으면서 성장한다.

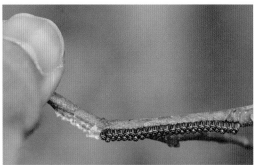

왕주둥이노린재 알 10월 25일 두충나무 가지에서 만났다. 왕주둥이노린재 약충은 육식성이라 나무를 좋아하지 않지만, 나방 애벌레가 많은 나뭇가지에 주로 알을 낳는 것 같다.

왕주둥이노린재 알의 크기를 짐작할 수 있다.

왕주둥이노린재 알 위에서 보면 눈알처럼 보인다. 무늬와 색이 독특하다.

홍다리주둥이노린재 작은방패판 위쪽 양옆에 노란색 무늬가 있다.

홍다리주둥이노린재의 얼굴

홍다리주둥이노린재 몸길이는 14~18mm다. 4~10월에 활동한다.

홍다리주둥이노린재 앞날개 막질부는 투명하며 배 끝을 넘는다.

홍다리주둥이노린재 종령 약충 애벌레를 먹고 있다.

홍다리주둥이노린재 약충 7월에 만난 개체다.

남색주둥이노린재의 크기를 짐작할 수 있다.

남색주둥이노린재 육식성 노린재다.

남색주둥이노린재 약충의 사냥

남색주둥이노린재 약충 애벌레를 집단 사냥하고 있다.

남색주둥이노린재 몸길이는 6~8mm로, 3~9월에 활동한다.

남색주둥이노린재 전체적으로 청람색 광택이 난다.

남색주둥이노린재 약충 알에서 부화한 후 일정 기간 모여 산다.

남색주둥이노린재 약충

남색주둥이노린재 약충

애주둥이노린재 약충 남색주둥이노린재 약충과 비슷하게 생겼지만 앞가슴등판 앞쪽에 붉은색 무늬가 나타난다.

애주둥이노린재 약충

주둥이노린재류 약충 애벌레를 사냥하고 있다.

갈색주둥이노린재 다리가 밝은 갈색이라 노란색인 우리갈색주
둥이노린재와 구별된다.

갈색주둥이노린재 아랫면 다리는 밝은 갈색이며 넓적다리마디에
검은색 점이 흩어져 있다. 우리갈색주둥이노린재와 차이점이다.

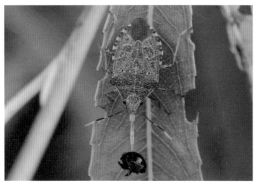

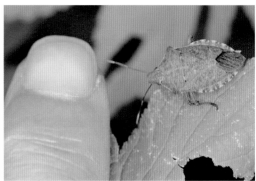

갈색주둥이노린재가 사냥하고 있다. 육식성 노린재로, 몸길이
는 11~14mm, 4~10월에 보인다.

갈색주둥이노린재의 크기를 짐작할 수 있다.

갈색주둥이노린재 알과 약충

우리갈색주둥이노린재 이른 봄에 만난 월동체. 이전에 중국 갈색주둥이노린재로 잘못 알려진 노린재다.

우리갈색주둥이노린재 다리가 노란색이다.

주둥이노린재 앞가슴등판 양옆이 뾰족하게 튀어나왔다.

주둥이노린재 성충 육식성이다.

주둥이노린재 몸길이는 10~16mm. 작은방패판 앞쪽에 희미한 황갈색 무늬가 있다.

주둥이노린재 약충의 사냥

주둥이노린재 약충도 육식성이다. 애벌레를 사냥했다.

홍줄노린재아과(노린재과)

홍줄노린재 작은방패판이 늘어나서 배 끝에 닿는다. 몸길이는
9~12mm, 5~10월에 보인다.

홍줄노린재 옆모습 전국적으로 분포한다.

홍줄노린재 약충 미나리과 식물에 자주 보인다.

갈색큰먹노린재 작은방패판이 늘어나 서 배 끝에 닿는다. 몸길이는 8~10mm, 5~10월에 보인다.

갈색큰먹노린재 흙을 많이 묻히고 다닌 다. 갈대가 먹이식물이다.

갈색큰먹노린재의 크기를 짐작할 수 있다.

꼬마먹노린재 작은방패판이 늘어나 배 끝에 닿는다.

꼬마먹노린재 몸길이는 6~7mm다. 벼과 식물 뿌리 근처에 산다.

빈대붙이 작은방패판이 늘어나서 배 끝에 닿는다. 몸길이는 5~6mm다. 미나리과 식물 꽃과 열매에서 자주 보인다.

노린재아과(노린재과)

왕노린재 몸길이는 22~24mm이고, 앞가슴등판 양쪽 어깨가 크고 넓게 튀어나왔다.

왕노린재 보랏빛과 구릿빛 광택이 강하다. 주로 강원도 지역에 서식한다.

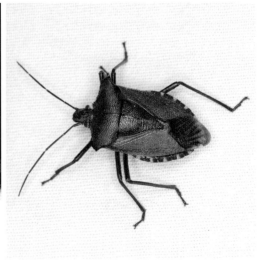

왕노린재 옆모습

왕노린재 밤에 불빛에도 잘 찾아온다.

대왕노린재 몸길이는 23~25mm, 5~8월에 보인다. 경기,
강원, 경북, 경남, 전북 등 왕노린재보다 서식지가 넓다.

대왕노린재 앞가슴등판과 작은방패판 둘레를 따라 흑갈색
부분이 나타난다.

대왕노린재 왕노린재보다 앞가슴등판의 양쪽 어깨가 튀어
나왔고 위쪽으로 활처럼 휘었다.

대왕노린재 옆모습

대왕노린재 5령 약충

얼룩대장노린재 몸길이는 21mm 내외로, 제주도를 제외한 전
국에 서식하며 4~10월에 보인다.

얼룩대장노린재 이름처럼 몸이 얼룩덜룩한 대형 노린재다.

얼룩대장노린재의 크기를 짐작할 수 있다.

얼룩대장노린재 5령 약충 약충도 다른 노린재에 비해 크다.

얼룩대장노린재 5령 약충의 크기를 짐작할 수 있다.

얼룩대장노린재 얼굴

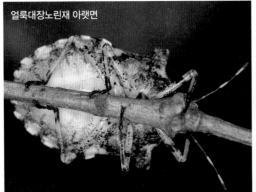

얼룩대장노린재 아랫면

얼룩대장노린재 성충이 된 지 얼마 되지 않았다.

얼룩대장노린재 날개돋이 직후의 모습

얼룩대장노린재 밤에 불빛에도 잘 찾아온다.

얼룩대장노린재 날개를 열자 붉은색 배 윗면이 드러나 보인다.

얼룩대장노린재 산란

얼룩대장노린재 산란

얼룩대장노린재 알 모두 12개를 낳았다.

얼룩대장노린재 알의 크기를 짐작할 수 있다.

■■■ 분홍다리노린재의 크기를 짐작할 수 있다. 몸길이는 17〜24mm, 제주도를 제외한 전국에 분포하며 5〜10월에 보인다.
■■■ 분홍다리노린재 5령 약충
■■■ 분홍다리노린재 약충

■■■ 분홍다리노린재 느릅나무, 느티나무, 층층나무, 참나무류 등에서 보인다.
■■■ 분홍다리노린재 짝짓기

■■■ 분홍다리노린재 앞가슴등판을 따라 붉은색 테두리가 있고 다리가 분홍색이다.
■■■ 분홍다리노린재 몸은 전체적으로 금속성 광택이 나는 초록색이다. 앞가슴등판 양쪽 어깨가 크고 넓게 튀어나왔다.
■■■ 분홍다리노린재 밤에 불빛에도 잘 찾아온다.

제주노린재의 크기를 짐작할 수 있다. 몸길이는 17~19mm다.

제주노린재 주둥이, 초식성이다. 작은방패판 끝부분이 뾰족하게 튀어나왔다.

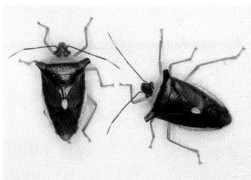

제주노린재 밤에 불빛에도 잘 찾아온다.

제주노린재 얼굴

제주노린재 전체적으로 광택이 강하며 배 양옆은 초록색이다.

제주노린재 제주도뿐만 아니라 전국적으로 분포한다.

알락수염노린재 몸길이는 10~14mm, 주로 3~11월에 보인다.

알락수염노린재 전국적으로 분포하며 콩과, 국화과, 십자화과 등의 식물 즙을 먹고 산다.

알락수염노린재 짝짓기

알락수염노린재 약충

막 허물을 벗은 알락수염노린재 약충

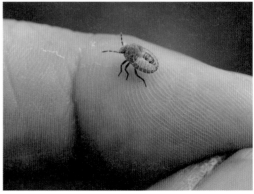

알락수염노린재 약충의 크기를 짐작할 수 있다.

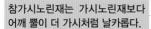
참가시노린재는 가시노린재보다
어깨 뿔이 더 가시처럼 날카롭다.

참가시노린재 앞가슴등판 양옆 돌기(어깨 뿔)가 뾰족하게 튀어나왔으며 작은방패판 끝부분이 노란색이다.

참가시노린재 몸길이는 7~12mm, 경기, 강원, 경북에 분포하   참가시노린재 짝짓기
며 5~8월에 보인다.

참가시노린재 약충

가시노린재 앞가슴등판 양옆이 참가시노린재보다 덜 뾰족하다.

가시노린재의 크기를 짐작할 수 있다. 몸길이는 8~10mm, 전국적으로 분포하며 5~10월에 장미과, 미나리과 등 다양한 식물에서 보인다.

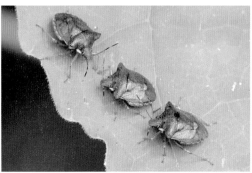

가시노린재 우리 주변에서 자주 보이는 노린재다.

가시노린재 약충

가시노린재 짝짓기

청동노린재 앞가슴등판 양옆이 튀어나왔으며 끝이 노란색이다. 몸길이는 15∼20mm, 경기, 강원, 경북에 분포하며 7∼8월에 보인다.

메추리노린재 벼과 식물을 먹으며 전국적으로 분포한다. 머리에서 앞가슴등판까지 굵은 갈색의 세로줄이 나타난다.

메추리노린재의 크기를 짐작할 수 있다.

메추리노린재 5령 약충

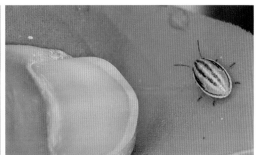

메추리노린재 5령 약충의 크기를 짐작할 수 있다.

메추리노린재 짝짓기

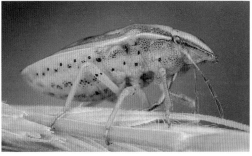

메추리노린재 옆모습 몸길이는 8∼10mm로 작은방패판은 크고 끝이 둥글다.

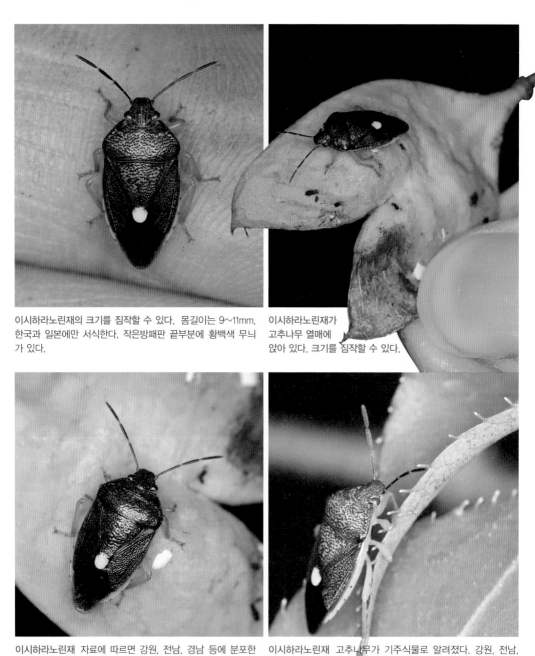

이시하라노린재의 크기를 짐작할 수 있다. 몸길이는 9~11mm. 한국과 일본에만 서식한다. 작은방패판 끝부분에 황백색 무늬가 있다.

이시하라노린재가 고추나무 열매에 앉아 있다. 크기를 짐작할 수 있다.

이시하라노린재 자료에 따르면 강원, 전남, 경남 등에 분포한다는데 이 개체는 경기도 용문산에서 10월 5일에 만났다. 경기권에도 분포하는 것 같다.

이시하라노린재 고추나무가 기주식물로 알려졌다. 강원, 전남, 경남 등에 서식한다.

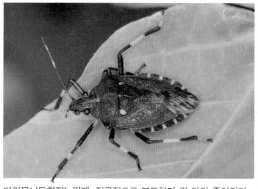

다리무늬두흰점노린재 전국적으로 분포하며 각 다리 종아리마
디 중간에 황백색 띠가 있다.

다리무늬두흰점노린재
몸길이는 16~17mm, 자세한 생태 정보가 알려져 있지 않다.

다리무늬두흰점노린재 개체마다 색깔 차이가 있다.

다리무늬두흰점노린재 몸 아랫면은 노란색이다.

다리무늬두흰점노린재의 크기를 짐작할 수 있다.

다리무늬두흰점노린재 작은방패판 양옆에 황백색 점이 있다.

북쪽비단노린재 홍비단노린재와 비슷하게 생겼으나 앞날개 무
늬가 다르다.

북쪽비단노린재 전국적으로 분포하며 십자화과 식물을 주로 먹
는다.

북쪽비단노린재 짝짓기

북쪽비단노린재 개체마다 몸 색에 차이가 있다.

북쪽비단노린재 주둥이가 선명하게 보인다.

북쪽비단노린재 약충

홍비단노린재 앞날개 혁질부에 작은 삼각 무늬가 2개 있다.

홍비단노린재 몸길이는 6~9mm, 전국에 분포하며 3~10월에 보인다. 북쪽비단노린재보다 작은방패판과 날개 무늬가 복잡하다.

홍비단노린재 짝짓기

홍비단노린재의 크기를 짐작할 수 있다. 십자화과가 먹이식물이며 약충은 북쪽비단노린재와 구별이 어렵다.

보라흰점둥글노린재 몸길이는 4~6mm이다.

보라흰점둥글노린재의 크기를 짐작할 수 있다.

보라흰점둥글노린재 크기

보라흰점둥글노린재 점박이둥글노린재보다 황백색 점이 더 크다.

보라흰점둥글노린재 짝짓기

보라흰점둥글노린재 국화과, 콩과, 벼과 식물 등의 즙을 빨아 먹는 초식성이다.

점박이둥글노린재 몸길이는 4∼6mm, 4∼10월에 활동한다.

점박이둥글노린재 비슷하게 생긴 배둥글노린재보다 작은방패판이 넓고 길게 늘어나 있다. 벼과 식물이 기주식물로 알려졌다.

가시점둥글노린재의 크기를 짐작할 수 있다. 몸길이는 4∼7mm, 3∼10월에 활동한다.

가시점둥글노린재 앞가슴등판 양옆이 뾰족하게 튀어나왔지만 그렇지 않은 개체도 있다.

가시점둥글노린재 앞가슴등판 양옆이 둥근 개체다.

가시점둥글노린재 작은방패판 양옆에 연한 노란색 점이 있으며 앞날개 막질부는 투명하고 배 끝을 넘는다.

가시점둥글노린재 강아지풀, 뚝새풀 등 벼과 식물이 기주식물이다.

둥글노린재 몸길이는 5~6mm, 3~10월에 활동하며 작은방패
판 위쪽에 크고 보랏빛을 띤 검은색 삼각 무늬가 있다.

둥글노린재 주로 익모초, 애기똥풀 등에서 보인다.

배둥글노린재 앞가슴등판의 양옆이 둥글며 작은방패판에 있는
황백색 점이 작다. 벼과 식물이 먹이식물이다.

배둥글노린재 밤에 불빛에도 잘 찾아온다.

배둥글노린재의 크기를 짐작할 수 있다.
몸길이는 5~7mm, 4~10월에 전국적으로
보인다.

썩덩나무노린재 알 알 위쪽에 나비 모양의
무늬가 나타난다.

썩덩나무노린재 부화

썩덩나무노린재 막 알에서 나온 약충들

썩덩나무노린재 1령 약충

썩덩나무노린재 2령 약충

썩덩나무노린재 3령 약충

썩덩나무노린재 4령 약충

썩덩나무노린재 5령 약충

썩덩나무노린재 허물벗기

허물 벗은 직후의 썩덩나무노린재

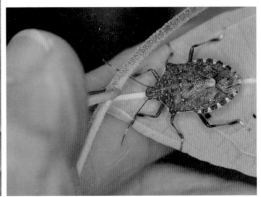
썩덩나무노린재의 크기를 짐작할 수 있다.

썩덩나무노린재 산란

썩덩나무노린재 몸길이는 13~18mm, 전국적으로 서식하며 3~11월에 보인다.

썩덩나무노린재 몸 색이 썩은 나무 덩어리처럼 보여 붙인 이름 이다. 아랫면은 붉은빛이 돈다.

멋쟁이노린재 작은방패판 끝이 넓고 둥글게 늘어졌다. 몸길이 는 6mm 내외, 4~11월에 활동한다.

멋쟁이노린재 월동체로, 나무껍질 안에서 성충으로 겨울을 난다. 작은방패판 위쪽 양옆에 황백색의 눈썹 무늬가 있다.

느티나무노린재 배 가장자리가 앞날개 바깥으로 늘어나고, 마디마다 띠무늬가 나타난다. 몸길이는 11mm 내외, 5∼10월에 활동한다.

느티나무노린재 느티나무뿐만 아니라 다양한 나무에서 보인다. 작은방패판 위쪽 양옆에 황갈색 점이 있다.

느티나무노린재 짝짓기

느티나무노린재 약충

막 허물을 벗은 느티나무노린재 아직 본래의 색이 다 나타나지 않았다.

산느티나무노린재 작은방패판 가운데가 Y 자 모양으로 도드라
진다.

산느티나무노린재 몸길이는 13mm 내외, 5～9월에 활동한다.

산느티나무노린재 짝짓기 4월 말에 본 모습이다.

산느티나무노린재 몸 아랫면의 숨구멍(기문)이 선명하게 보인다.

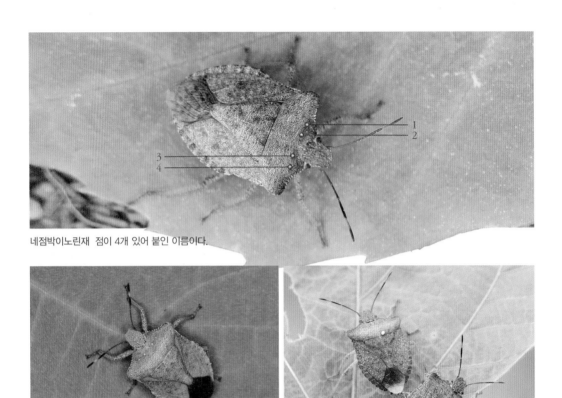

네점박이노린재 점이 4개 있어 붙인 이름이다.

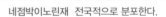

네점박이노린재 몸길이는 12~14mm, 4~11월에 활동한다.

네점박이노린재 전국적으로 분포한다.

네점박이노린재 4령 약충

네점박이노린재 5령 약충

426

열점박이노린재의 크기를 짐작할 수 있다 몸길이는 16∼23mm,
4∼10월에 활동한다.

열점박이노린재 앞가슴등판과 작은방패판에 4,4,2 형태로 10개
의 점이 있다.

열점박이노린재 짝짓기 왼쪽이 암컷이다.

열점박이노린재 옆모습

열점박이노린재 짝짓기 아래쪽을 향한 개체가 암컷이다.

막 허물을 벗은
열점박이노린재

열점박이노린재 약충

장흙노린재의 크기를 짐작할 수 있다. 몸길이 20~23mm, 7~10월에 활동한다.

장흙노린재 약충

장흙노린재 약충 더듬이 끝부분에 노란 고리무늬가 하나. 다리에 넓은 흰색 띠가 나타난다.

장흙노린재 앞가슴등판에 점이 없는 것이 열점박이노린재와 다르다.

장흙노린재 몸 아랫면은 연한 노란색이다.

장흙노린재 날개돋이한 지 얼마 지나지 않았다.

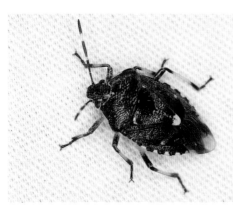

스코트노린재 앞날개 막질부가 길어서 배 끝을 넘는다.

스코트노린재의 크기를 짐작할 수 있다. 몸길이는 9~11mm, 5~11월에 활동한다.

스코트노린재 다양한 활엽수에서 살며 성충으로 월동한다.

스코트노린재 11월에 만난 개체다.

스코트노린재 작은방패판 끝부분에 황백색 점이 있다.

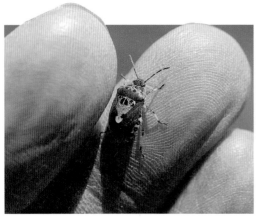

무시바노린재의 크기를 짐작할 수 있다. 몸길이는 8~9mm다.

무시바노린재 앞가슴등판과 작은방패판에 검은색 점무늬가 있다.

무시바노린재 짝짓기 이른 봄에 볼 수 있다.

무시바노린재 성충으로 월동한다. 참나무류가 기주식물로 알려졌다.

깜보라노린재 작은방패판 끝부분만 하얀색이다. 몸길이는 7~10mm, 4~11월에 활동한다.

깜보라노린재 알과 약충

깜보라노린재 알에서 막 나오고 있다.

깜보라노린재 종령 약충

깜보라노린재 짝짓기

깜보라노린재 몸 아랫면 제주도를 제외한 전국에 서식한다.

깜보라노린재의 크기를 짐작할 수 있다.

깜보라노린재 성충과 약충 다양한 활엽수에서 산다.

구슬노린재 우리나라 노린재과 노린재 중에서 가장 작다. 몸길이는 3~4mm다.

구슬노린재 작은방패판 위쪽에 황백색 점 3개가 있다. 작은방패판이 늘어나 배 전체를 덮는다. 갈퀴덩굴과 광대수염이 기주식물로 알려졌다.

풀색노린재 몸길이는 12~16mm, 전국적으로 서식하며 3~11월에 활동한다.

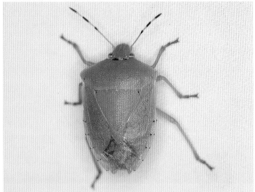

풀색노린재 밤에 불빛에도 잘 찾아온다.

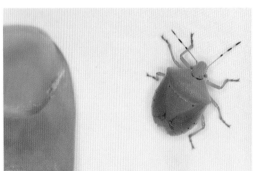

풀색노린재의 크기를 짐작할 수 있다.

풀색노린재 성충 변이 개체마다 무늬나 색깔 차이가 있다.

432

풀색노린재 3령 약충

풀색노린재 4령 약충

풀색노린재 5령 약충

풀색노린재 5령 약충의 크기를 짐작할 수 있다.

기름빛풀색노린재 작은방패판 끝에 검은색 점이 한 쌍 있다. 경남, 전남, 제주도에 분포한다.

기름빛풀색노린재 오동나무, 배나무, 복사나무 등 다양한 나무의 열매에서 즙을 빨아 먹는다. 몸길이는 14~17mm다.

기름빛풀색노린재의 크기를 짐작할 수 있다.

북방풀노린재 몸길이는 12~16mm, 5~11월에 활동하며 전국적으로 분포한다.

북방풀노린재 몸 아랫면 다양한 식물의 즙을 빨아 먹는다.

북방풀노린재 갈색형

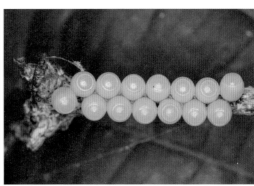

북방풀노린재 알

북방풀노린재 짝짓기

434

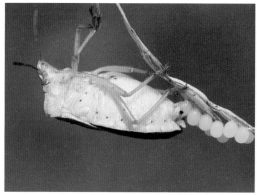

북방풀노린재 산란

북방풀노린재 알의 크기를 짐작할 수 있다.

북방풀노린재 약충이 노린재나무 열매 위에 앉아 있다.

북방풀노린재 3령 약충

북방풀노린재 4령 약충

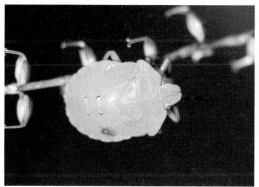

북방풀노린재 5령 약충

북방풀노린재 성충과 5령 약충

홍다리노린재 제주도를 제외한 전국에 분포하며
작은방패판 끝부분에 황갈색 무늬가 있다.
몸길이는 12~18mm, 6~9월에 활동하며 느릅나무와 참나무류
등에 산다. 성충은 나비목 애벌레를 잡아먹기도 한다.

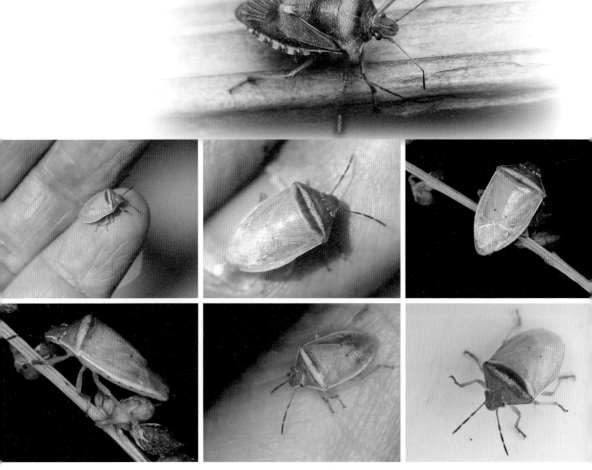

■■■ 가로줄노린재의 크기를 짐작할 수 있다. 몸길이는 9~11mm, 6~11월에 활동한다.
■■■ 가로줄노린재 수컷 가로줄이 하얀색이다.
■■■ 가로줄노린재 수컷 작은방패판 아랫부분 양옆으로 검은색 점이 있다.
■■■ 가로줄노린재 수컷 옆면에 노란색 테두리가 있으며 숨구멍은 검은색이다.
■■■ 가로줄노린재 수컷 족제비싸리, 비수리 등 콩과 식물이 기주식물로 알려졌다.
■■■ 가로줄노린재 암컷 가로줄이 붉은색이다. 앞가슴등판 아래쪽에 가로줄이 있어 붙인 이름이다.

갈색날개노린재 몸길이는 10~12mm, 3~11월에 활동하며 전국적으로 서식한다.

갈색날개노린재 갈색형 약충은 기주식물 잎의 즙을 빨며, 성충은 과일즙을 빨아 먹으며 산다.

갈색날개노린재 4령 약충

갈색날개노린재 5령 약충

갈색날개노린재 짝짓기

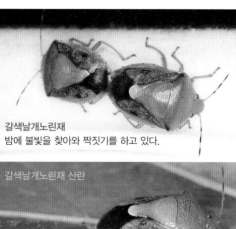

갈색날개노린재
밤에 불빛을 찾아와 짝짓기를 하고 있다.

갈색날개노린재 산란

갈색날개노린재 암컷 알을 낳고 있다.

 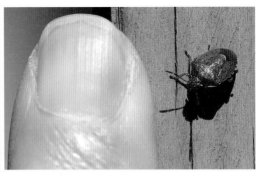

극동애기노린재 몸길이는 6~8mm, 5~10월에 활동하며 전국 적으로 분포한다.

극동애기노린재의 크기를 짐작할 수 있다.

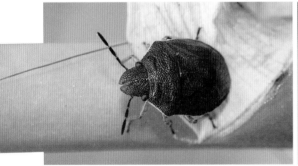 

극동애기노린재 머리 끝이 벌어져 보인다. 솔나물, 달맞이꽃, 당근 등이 기주식물로 알려졌다.

극동애기노린재 겹눈 사이에 노란색 줄이 없는 것이 애기노린재 와 차이점이다.

 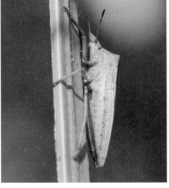

억새노린재 벼과 식물에 살며, 머리가 삼각형이다. 몸길이는 14~19mm, 4~10 월에 활동하며 전국적으로 분포한다.

억새노린재 옆모습 기주식물은 벼과 식 물이다.

억새노린재 5령 약충

● 뿔노린재과

뿔노린재는 우리나라 노린재 가운데 중간 크기이며 식물 즙을 빨아 먹는 초식성입니다. 앞가슴등판 양옆이 뿔처럼 튀어나온 종이 많아 뿔노린재라는 이름이 붙었으며 수컷의 생식기가 가위 모양인 노린재가 많습니다.

푸토니뿔노린재, 에사키뿔노린재 등은 모성애가 강해 알과 약충을 지키며, 우리나라에 21종이 산다고 알려져 있습니다.

● 닮은 듯 다른 뿔노린재과 무리 ●

굵은가위뿔노린재 수컷 몸길이는 17~18mm, 4~9월에 활동한다. 경기, 충남, 경북, 경남, 전북에서 관찰한 기록이 있다.

굵은가위뿔노린재 암컷 장미과 식물이 기주식물이다.

굵은가위뿔노린재 수컷 4월 26일에 만난 개체다. 수컷의 생식절 양쪽 돌기가 굵은 가위 모양이다.

굵은가위뿔노린재의 크기를 짐작할 수 있다.

굵은가위뿔노린재 수컷 생식기

굵은가위뿔노린재 수컷 생식기

굵은가위뿔노린재 수컷
6월 초에 만난 개체다.

굵은가위뿔노린재가 날개를 펼친 모습 노린재 특유의 날개가 보
인다.

등빨간뿔노린재 수컷 굵은가위뿔노린재 수컷보다 생식절 돌기
가 작다. 몸길이는 14~19mm, 전국적으로 분포하며 4~10월에
활동한다.

등빨간뿔노린재 암컷 어깨 뿔 끝이 검은색이다.

등빨간뿔노린재 수컷 검은색의 어깨 뿔이 보인다.

등빨간뿔노린재 암컷(황색형)

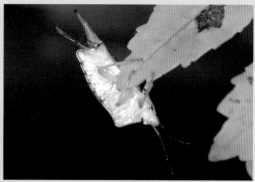

녹색가위뿔노린재 수컷 생식절 돌기가 끝으로 갈수록 벌어진다.

녹색가위뿔노린재 몸길이는 14~17mm, 경기, 경북, 경남, 전남 등지에서 3~10월에 보인다.

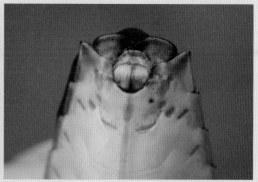

녹색가위뿔노린재 암컷 어깨 뿔이 노란색이거나 연한 붉은색 이다.

녹색가위뿔노린재 암컷 생식기

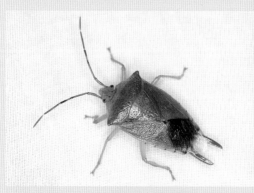

긴가위뿔노린재 수컷 생식절 돌기가 서로 평행한다.

긴가위뿔노린재 수컷 몸길이는 18mm 내외, 전국적으로 분포하 며 4~10월에 보인다.

긴가위뿔노린재 암컷 어깨 뿔이 붉은색이다. 암컷은 알에서 2
령이 될 때까지 새끼를 돌본다.

긴가위뿔노린재 암컷의 크기를 짐작할 수 있다.

긴가위뿔노린재 암컷 옆모습

긴가위뿔노린재 수컷 다양한 활엽수에서 보인다.

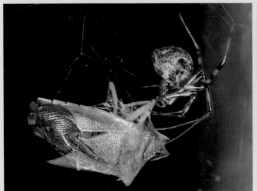

말꼬마거미에 잡힌 긴가위뿔노린재 암컷

긴가위뿔노린재 종령 약충 북방풀노린재 종령 약충과 비슷하게
생겼지만 배 옆면과 배 끝이 달라서 구별된다.

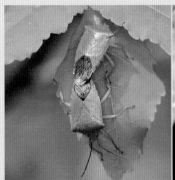

긴가위뿔노린재 짝짓기 아래쪽 개체가 수컷이다.

뾰족침뿔노린재의 크기를 짐작할 수 있다. 몸길이는 7~10mm, 5~8월에 보인다.

뾰족침뿔노린재 어깨 뿔이 매우 길고 뾰족하다. 작은방패판에 세로로 어두운 갈색 또는 검은색 무늬가 나타난다.

푸토니뿔노린재 성충과 약충

푸토니뿔노린재 암컷의 알 지키기

푸토니뿔노린재 몸길이는 7~10mm, 전국적으로 분포하며 5~10월에 활동한다. 다양한 활엽수에서 생활하며 특히 뽕나무에서 자주 보인다.

푸토니뿔노린재 짝짓기

푸토니뿔노린재 성충과 약충이 같이 있다.

푸토니뿔노린재 암컷이 알을 지키고 있다.

푸토니뿔노린재 알에서 부화가 시작되었다.

푸토니뿔노린재 알에서 막 나온 약충이 보인다.

444

푸토니뿔노린재 암컷의 약충 지키기   푸토니뿔노린재 약충   푸토니뿔노린재 약충들

푸토니뿔노린재 약충들이 어딘가로 이동하고 있다.

푸토니뿔노린재 4령 약충   푸토니뿔노린재 5령 약충

에사키뿔노린재 몸길이는 11~13mm. 제주도를 제외한 전국적
으로 분포하며 4~11월에 활동한다.

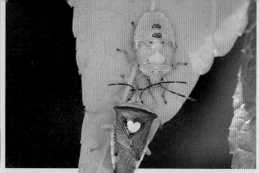

에사키뿔노린재 약충과 성충 다양한 활엽수에서 생활하지만 산
초나무와 초피나무에서 많이 보인다.

에사키뿔노린재 짝짓기 작은방패판에 흰색이나 연한 노란색의
하트 무늬가 있다.

에사키뿔노린재 사체 날개에 가려졌던 배 윗면이 보인다.

에사키뿔노린재 알 지키기

에사키뿔노린재 알 지키기 부화가 다가왔다.

에사키뿔노린재 약충 지키기

에사키뿔노린재 약충 지키기
알에서 2령이 될 때까지
약충을 지킨다.

● 침노린재과

침노린재는 우리나라 노린재 가운데 중형~대형에 속하는 종이며 주로 육식성입니다. 3마디로 이루어진 주둥이는 대개 아래로 휘었고, 앞가슴등판에 있는 홈에 끼웁니다. 3쌍의 다리 중 앞다리의 넓적다리마디가 발달하여 다른 곤충을 잡기에 유리합니다. 우리나라엔 37종이 산다고 알려졌습니다.

● 닮은 듯 다른 침노린재과 무리 ●

왕침노린재 전국적으로 분포하며 3~11월에 보인다.

왕침노린재 머리는 좁고 길며 앞으로 튀어나왔다.

왕침노린재 암컷 수컷보다 배가 넓적하다.

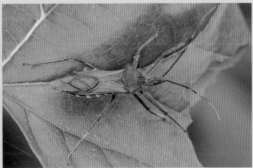
왕침노린재 수컷 배가 갸름하다.

 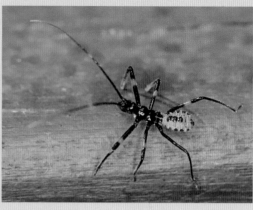

왕침노린재 옆모습 평소에는 주둥이를 접고 다닌다. 성충으로 왕침노린재 2령 약충
무리 지어 겨울을 난다. 다른 곤충을 잡아먹는 포식성이다.

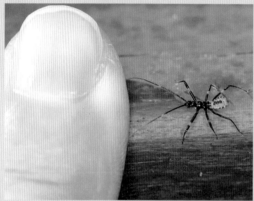 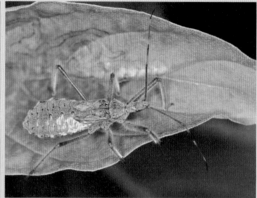

왕침노린재 2령 약충의 크기를 짐작할 수 있다. 왕침노린재 약충 옆의 사진보다 더 성장한 약충이다.

왕침노린재의 크기를 짐작할 수 있다.
몸길이는 20∼27mm다.

붉은등침노린재(장시형) 전국적으로 분포하며 다른 곤충의 체액을 빨아 먹는 육식성이다.

붉은등침노린재(단시형) 몸길이는 10~12mm, 앞가슴등판은 붉은색이며 가운데에 '+' 자 모양의 검은색 홈이 파여 있다.

붉은등침노린재 배 가장자리가 넓게 늘어나 앞날개 옆으로 튀어나오고 마디마디 검은색과 붉은색이 번갈아 나타난다.

붉은등침노린재 붉은무늬침노린재와 비슷하게 생겼으나 배 윗면에 붉은색 무늬가 없는 것으로 구별한다.

우단침노린재 전국적으로 분포하며, 몸길이는 11~14mm다.

우단침노린재의 크기를 짐작할 수 있다.

우단침노린재 몸 아랫면 붉은색이 강렬하다.

우단침노린재 배는 앞날개 옆으로 늘어났으며 띠무늬가 나타난다. 다른 곤충이나 절지동물들을 잡아먹는 육식성이다.

잔침노린재 작은방패판 가운데에 붉은색 H 자 무늬가 있다. 몸길이는 14mm 내외, 5~9월에 활동한다.

잔침노린재 약충

막대침노린재의 크기를 짐작할 수 있다. 몸길이는 15~20mm, 6~10월에 활동한다.

막대침노린재 더듬이가 매우 길어 몸길이를 넘는다. 갈고리 모양인 앞다리로 먹이를 잡아 체액을 빨아 먹는 육식성이다.

각다귀침노린재의 크기를 짐작할 수 있다.

각다귀침노린재 몸길이는 16~17mm, 경기, 강원에 서식하며 7~8월에 보인다.

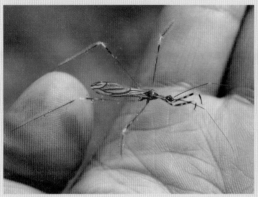

각다귀침노린재 날개는 연한 갈색이며 날개맥이 뚜렷하다.

각다귀침노린재 뒷다리가 유난히 길며 긴 털이 빽빽하게 나 있다.

각다귀침노린재 몸 전체에 긴 털이 덮여 있다.

민날개침노린재 대부분 날개가 없지만 가끔 유시형도 나타난다고 한다. 몸길이는 15~19mm, 5~10월에 활동한다.

극동왕침노린재 앞가슴등판 양옆이 뾰족하다.

극동왕침노린재 옆모습 몸길이는 18~22mm, 5~10월에 활동한다.

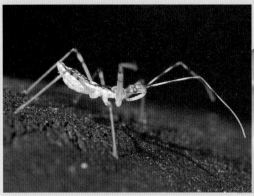

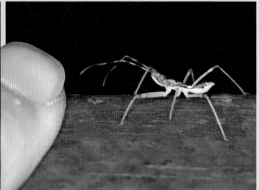

극동왕침노린재 약충 약충이지만 주둥이가 매우 발달했다.

극동왕침노린재 약충의 크기를 짐작할 수 있다.

극동왕침노린재 암컷

극동왕침노린재 주둥이

극동왕침노린재의 사냥 밤에 불빛에도 잘 찾아온다.

배홍무늬침노린재 육식성이다. 몸길이는 13~15mm, 4~11월에 활동한다.

배홍무늬침노린재 옆모습 주둥이가 매우 발달했다.

배홍무늬침노린재의 애벌레 사냥

배홍무늬침노린재 짝짓기

배홍무늬침노린재 약충

배홍무늬침노린재 약충

배홍무늬침노린재 약충의 사냥

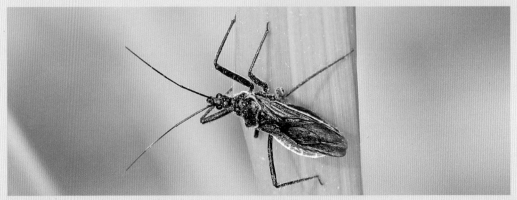

홍도리침노린재 앞가슴등판 전체에 붉은색 테두리가 있는 점이 배홍무늬침노린재와 다른 점이다. 몸길이는 12~15mm, 5~7월에 활동한다.

다리무늬침노린재 몸길이는 13~16mm, 4~10월에 활동한다.

다리무늬침노린재 다리에 줄무늬가 많아서 붙인 이름이다.

다리무늬침노린재 전국적으로 분포하며 육식성이다.

다리무늬침노린재 약충의 사냥

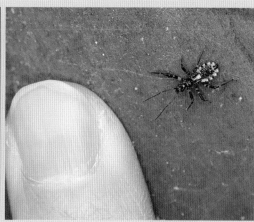

다리무늬침노린재 약충의 크기를 짐작할 수 있다.

껍적침노린재 몸길이 12~16mm, 4~11월에 활동한다.

껍적침노린재 전국적으로 분포하며 육식성이다.

껍적침노린재 약충 나무의 진처럼 끈끈한 액체로 덮인 개체가 많다.

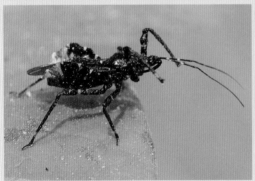

껍적침노린재 약충

껍적침노린재 약충으로 주둥이가 매우 발달했다.

껍적침노린재 약충 이른 봄부터 보인다.

껍적침노린재 약충으로 무리 지어 나무껍질 속에서 월동한다.

검정무늬침노린재 땅 위에서 생활하는 육식성 노린재다.

검정무늬침노린재 전국적으로 분포한다.

검정무늬침노린재 몸길이는 12~15mm, 4~11월에 활동한다.

검정무늬침노린재의 크기를 짐작할 수 있다. 날개가 배 끝에 미치지 못하는 중시형이다.

■■ 검정무늬침노린재 날개가 배 끝을 넘는다. 장시형이다.
■■ 검정무늬침노린재 장시형의 크기를 짐작할 수 있다.
■■ 검정무늬침노린재 앞다리의 넓적다리마디가 매우 굵으며
　　침노린재과답게 주둥이가 발달했다.
■■ 검정무늬침노린재 5령 약충의 크기를 짐작할 수 있다.
■■ 검정무늬침노린재 약충

어리큰침노린재 앞다리의 넓적다리마디가 매우 발달했다. 몸
길이는 16~21mm, 8~10월에 활동한다.

어리큰침노린재 전체적으로 어두운 갈색이며 몸이 길쭉하다. 앞날
개가 겹치는 부분 가운데에 검은색 사각 무늬가 있다.

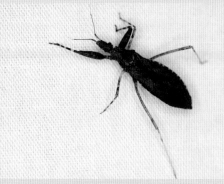

어리큰침노린재의 크기를 짐작할 수 있다.

어리큰침노린재 전국적으로 분포하며 밤에 불빛에도 잘 날아
온다.

어리큰침노린재 단시형

비율빈침노린재 식물 뿌리나 바위 밑에서 생활한다. 몸길이는
14~19mm, 6~7월에 활동한다.

● 쐐기노린재과

우리나라에 사는 노린재 가운데 소형~중형의 노린재로 몸이 길쭉한 타원형입니다. 다른 노린재들은 보통 홑눈이 겹눈 사이에 있지만, 쐐기노린재과의 노린재는 대체로 홑눈이 겹눈 뒤쪽에 있습니다. 대부분 육식성 노린재이지만 간혹 식물 즙을 빨아 먹기도 합니다. 우리나라엔 18종이 기록되어 있으며 앞다리의 넓적다리마디가 발달해 있어 다른 곤충을 잡기에 유리합니다.

● 닮은 듯 다른 쐐기노린재과 무리 ●

알락날개쐐기노린재 몸에 긴 털이 많다.

알락날개쐐기노린재 몸길이는 6~7mm, 4~10월에 활동한다.

노랑날개쐐기노린재(장시형)

노랑날개쐐기노린재(단시형)

■ 노랑날개쐐기노린재 몸길이는 9〜10mm, 3〜11월에 활동한다.
■ 노랑날개쐐기노린재 장시형 옆모습
■ 노랑날개쐐기노린재 제주도에 서식하는 빨강날개쐐기노린재는 이 종의 동종이명으로 처리되었다.
■ 노랑날개쐐기노린재(장시형)의 크기를 짐작할 수 있다.
■ 노랑날개쐐기노린재의 주둥이

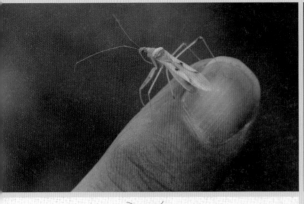

■ 노랑긴쌔기노린재의 크기를 짐작할 수 있다. 몸길이는
　11〜13mm, 7〜9월에 활동한다.
■ 노랑긴쌔기노린재 앞다리의 넓적다리마디가 발달해 있다.
■ 노랑긴쌔기노린재 육식성이며 더듬이가 매우 가늘고 길다.

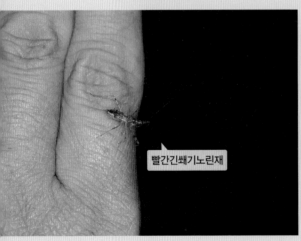

빨간긴쌔기노린재

빨간긴쌔기노린재의 크기를 짐작할 수 있다. 몸길이는 10mm　　빨간긴쌔기노린재 약충
내외다.

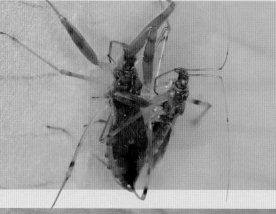

■ 빨간긴쐐기노린재 육식성이다.
■ 빨간긴쐐기노린재 앞다리의 넓적다리마디가 매우 발달해 있다.
■ 빨간긴쐐기노린재 짝짓기

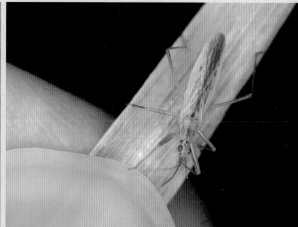

긴날개쐐기노린재 몸길이는 7~9mm, 앞날개 막질부가 배 끝을 넘어서 붙인 이름이다.

긴날개쐐기노린재 산지의 풀밭이나 경작지 주변에 살며 진딧물, 깍지벌레, 잎벌레류 등의 체액을 빨아 먹는다.

미니날개큰쐐기노린재 앞날개가 짧은 형이 많다. 몸길이는 12mm 내외, 6~11월에 활동한다.

미니날개큰쐐기노린재 수컷 배가 좁다.

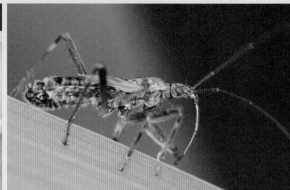

미니날개큰쐐기노린재 수컷의 크기를 짐작할 수 있다.

미니날개큰쐐기노린재 수컷 쐐기노린재과답게 주둥이가 매우 발달했다.

미니날개큰쐐기노린재 짝짓기
위쪽 개체가 수컷이다.

미니날개큰쐐기노린재 암컷 배가 넓다.

미니날개큰쐐기노린재 약충

미니날개애쐐기노린재 미니날개큰쐐기노린재보다 훨씬 작다. 몸길이는 5~7mm다.

● 방패벌레과

우리나라에 사는 노린재과 가운데 소형종에 속하며 몸길이는 대략 5밀리미터 내외입니다. 몸이 납작하며 홑눈이 없습니다. 앞가슴등판이 뒤로 늘어나 작은방패판을 덮고 날개가 레이스 모양인 종이 많습니다. 주로 식물 즙을 빨아 먹고 살며 우리나라에 36종이 기록되어 있습니다.

● 닮은 듯 다른 방패벌레과 무리 ●

포풀라방패벌레 나무껍질 속에서 성충으로 월동한다. 몸길이는 3mm 내외다. '버들방패벌레'라고도 한다.

포풀라방패벌레 잎 뒷면에 무리 지어 산다.

포풀라방패벌레 월동체다.

해바라기방패벌레 국화방패벌레라고도 한다. 몸길이는 3mm 정도다.

해바라기방패벌레 외래종으로 2011년 경주에서 처음 발견되었다.

해바라기방패벌레의 크기를 짐작할 수 있다.

해바라기방패벌레 잎 뒷면에 모여 산다.

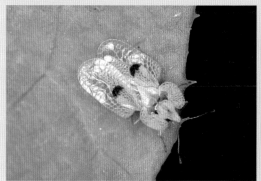

버즘나무방패벌레 몸길이는 3mm, 1년에 3회 나타나며 나무껍질 틈에서 성충으로 월동한다. 버즘나무, 닥나무 등이 기주식물이다.

버즘나무방패벌레의 크기를 짐작할 수 있다.

● 넓적노린재과

우리나라에 사는 노린재 가운데 중간 정도 크기이며 몸이 매우 납작합니다.
홑눈이 없으며 죽은 나무껍질 속이나 버섯 등에서 자주 보이며 우리나라에
20여 종이 산다고 알려졌습니다.

◆ 닮은 듯 다른 넓적노린재과 무리 ◆

■■ 뿔넓적노린재 몸에 뿔 같은 돌기가 많다.
■■ 뿔넓적노린재 더듬이는 4마디다. 다리는 갈색과 노란색이 번갈아 띠를 이룬다.
■■ 뿔넓적노린재의 크기를 짐작할 수 있다. 몸길이는 6~7mm다.

■■ 검정넓적노린재 주로 경기권에 분포한다.
■■ 검정넓적노린재의 크기를 짐작할 수 있다. 몸길이는 9~12mm다.
■■ 검정넓적노린재 더듬이 끝만 황갈색이다. 앞가슴등판에 가로로 물결 모양의 홈이 있다.

애긴넓적노린재 죽은 참나무에서
주로 보인다. 몸길이는 9mm 내외로
더듬이가 짧고 굵다.

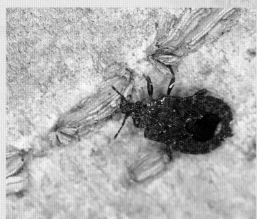

산넓적노린재 버섯에서 많이 보인다.

산넓적노린재의 크기를 짐작할 수 있다.

산넓적노린재 몸길이는 5~8mm, 5월에 주로 보인다.

산넓적노린재 겹눈 뒤가 뾰족하게 튀어나왔다.

- 팔공넓적노린재 더듬이가 굵고 작은방패판 뒤가 노란색인 것이 극동넓적노린재와 다르다.
- 팔공넓적노린재의 크기를 짐작할 수 있다. 몸길이는 6~7mm다.
- 팔공넓적노린재 몸이 매우 납작하다.

- 큰넓적노린재 몸길이는 6~8mm, 성충은 2~8월에 주로 보인다. 앞가슴등판 앞쪽이 울퉁불퉁해 보인다.
- 큰넓적노린재의 크기를 짐작할 수 있다.
- 큰넓적노린재 제주도를 제외한 전국에 서식하며 참나무류를 비롯한 활엽수에서 보인다.

● 실노린재과

우리나라에 사는 노린재 가운데 몸이 매우 가늘고 긴 노린재로 몸길이는 대략 10밀리미터 내외입니다. 다리와 더듬이가 가늘고 길며, 우리나라엔 4종이 산다고 알려졌습니다.

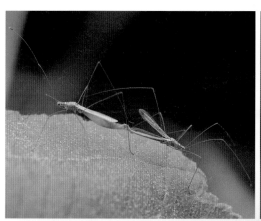

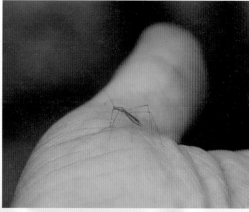

실노린재 짝짓기 몸길이는 6~7mm. 전국적으로 분포하며   실노린재의 크기를 짐작할 수 있다.
3~10월에 보인다.

실노린재 짝짓기

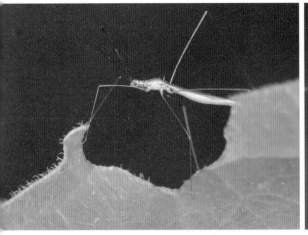

실노린재 더듬이와 다리가 실처럼 매우 가늘고 길다.

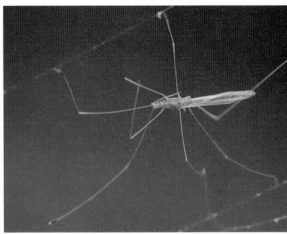

거미줄에 걸린 실노린재 다리가 길어서 갈거미처럼 보인다.

실노린재 약충 성충과 달리 연녹색이며 더듬이와 다리에 줄무늬가 나타난다.

● 긴노린재과

우리나라에 사는 노린재 가운데 몸이 길고 타원형이며, 몸길이가 대략 10밀리미터 내외의 종들이 많습니다. 대부분이 초식성이지만 큰딱부리긴노린재처럼 잡식성도 있습니다.

둘레빨간긴노린재 몸길이는 7~8mm, 5~10월에 활동한다.

둘레빨간긴노린재 몸은 붉은색 바탕에 검은색 줄이 있다. 전국적으로 분포한다.

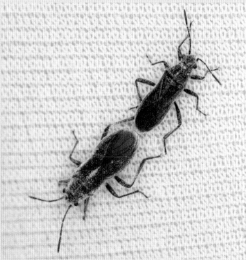

사위질빵 꽃 위에 앉아 있는 둘레빨간긴노린재 사위질빵이나 할미밀망에 산다.

둘레빨간긴노린재 짝짓기

흰점빨간긴노린재 앞날개 막질부에 흰색 점이 있다. 몸길이는 11~13mm, 4~10월에 활동한다.

흰점빨간긴노린재 가슴 아랫면은 검은색, 배 아랫면은 붉은색이다. 작은방패판은 검은색이고 앞날개 혁질부 가운데에 검은색 가로 줄이 있다. 자료에 따르면 주로 경북에서 많이 보이며 강원, 충남 등지에서도 보인다. 드물게 보이는 종으로 10월 27일 경기도 용인 에서 관찰했다.

십자무늬긴노린재 몸길이는 8~11mm. 3~10월에 활동하며 제주도를 제외한 전국에 서식한다. 개체마다 색깔이나 무늬 차이가 있다.

십자무늬긴노린재 박주가리에 모여 있는 모습이 자주 보인다.

십자무늬긴노린재 짝짓기 앞가슴등판에 검은색 마름모꼴 무늬가 한 쌍 있다.

십자무늬긴노린재 성충과 약충

십자무늬긴노린재 약충

애긴노린재 전국적으로 분포한다.

애긴노린재 짝짓기 막질부에 검은색 점이 나타난다.

애긴노린재 몸길이는 3~5mm, 2~11월에 보인다. 다양한 식물에 무리 지어 산다. 주로 국화과 꽃에서 많이 보인다.

애긴노린재의 크기를 짐작할 수 있다.

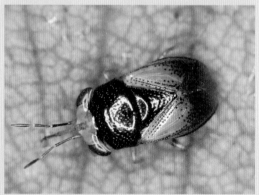

큰딱부리긴노린재 전국적으로 분포한다. 몸길이는 4~6mm, 4~11월에 보인다.

큰딱부리긴노린재 겹눈이 크고 머리가 노란색이다.

큰딱부리긴노린재 주로 작은 곤충의 체액을 빨아 먹지만 가끔 식물도 먹는 잡식성이다.

큰딱부리긴노린재 옆면

참딱부리긴노린재의 크기를 짐작할 수 있다. 몸길이는 3∼4mm 정도다.

바닷가 모래사장에서 만난 참딱부리긴노린재

참딱부리긴노린재 몸은 흑갈색이며 개체마다 색 변이가 심하다. 전국적으로 분포하며 진딧물이나 다듬이벌레 등 작은 곤충의 체액을 빨아 먹지만 식물도 먹는 잡식성이다.

더듬이긴노린재 암컷 몸길이는 7∼10mm, 전국적으로 분포하며 4∼10월에 활동한다.

더듬이긴노린재 수컷 암컷보다 더듬이가 더 길다.

더듬이긴노린재 약충

더듬이긴노린재 벼과 식물에서 자주 보인다.

더듬이긴노린재 짝짓기 왼쪽이 수컷이다.

더듬이긴노린재 앞다리의 넓적다리마디가 매우 굵다.

더듬이긴노린재의 크기를 짐작할 수 있다.

깜둥긴노린재 몸길이는 4~5mm, 4~11월에 활동하며 쑥꽃이나 열매에서 무리 지어 산다.

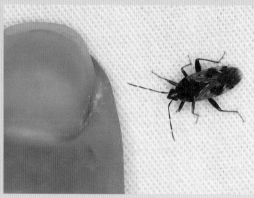

달라스긴노린재 몸길이는 7~8mm, 전국적으로 분포하며 5~9월에 보인다.

달라스긴노린재의 크기를 짐작할 수 있다.

달라스긴노린재 작은방패판과 앞날개 혁질부가 만나는 곳에 흰색 세로줄이 2쌍 있다.

달라스긴노린재 밤에 불빛에도 잘 날아온다.

작살나무 열매에서 짝짓기하는 달라스긴노린재
작살나무뿐만 아니라 편백, 자작나무, 회양목 등에서도 보인다.

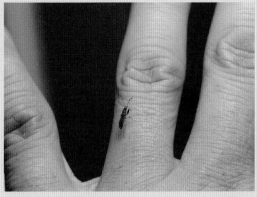

측무늬표주박긴노린재의 크기를 짐작할 수 있다. 몸길이는 5~6mm다.

측무늬표주박긴노린재 전국적으로 분포하며 3~11월에 활동한다.

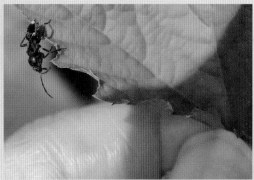

표주박긴노린재 몸길이는 8mm 내외, 5~9월에 주로 보인다.

표주박긴노린재의 크기를 짐작할 수 있다.

표주박긴노린재 몸은 전체적으로 검은색이며 앞날개 혁질부는 회색이고 검은색 줄무늬가 나타난다.

표주박긴노린재 경기, 강원, 충남, 경남, 전남 등에 분포한다. 경북과 충북, 전북에서의 관찰기록이 없다.

- 흑다리긴노린재 몸길이는 7mm 내외, 7~11월에 보인다. 해안이나 하천에 사는 벼과 식물이 기주식물로 알려졌다. 경기도 시흥의 갯골에서 만난 개체다.
- 흑다리긴노린재 짝짓기
- 흑다리긴노린재 앞가슴등판에 잘록한 부분이 있어서 둘로 나뉜 것 같은 느낌이다. 앞쪽 색이 더 진하다. 앞다리의 넓적다리마디가 발달해 알통다리다.

얼룩꼬마긴노린재 앞날개 혁질부 안쪽에 하얀색 무늬가 있다. 몸길이는 3~4mm, 10월에 보인다.

어리흰무늬긴노린재 몸길이는 7~8mm, 3~10월에 보인다.

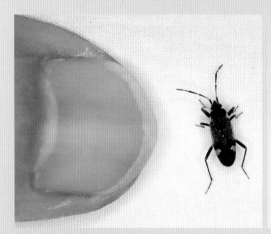

어리흰무늬긴노린재의 크기를 짐작할 수 있다.

어리흰무늬긴노린재 작은방패판에 흰색 무늬 한 쌍이 있는 것이 흰무늬긴노린재와 차이점이다.

조상부爪狀部에 검은색 삼각형 무늬가 있으면 흰무늬긴노린재다.

흰무늬긴노린재 몸길이는 7.5mm 내외, 5~9월에 활동한다. 전국적으로 분포한다.

넓적긴노린재 앞다리의 넓적다리마디가 매우 발달했다. 몸길이는 6mm 내외, 3~7월에 활동한다.

꼭지긴노린재 더듬이 네 마디가 모두 검은색이다. 몸길이는 5~7mm, 7월에 주로 보인다.

아샘긴노린재 몸에 노란색 점이 있다. 몸길이는 10mm 내외, 6~9월에 보인다.

갈색무늬긴노린재 몸길이는 5~6mm, 전국적으로 분포하며 5~7월에 보인다.

갈색무늬긴노린재의 크기를 짐작할 수 있다.

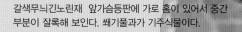

갈색무늬긴노린재 앞가슴등판에 가로 홈이 있어서 중간 부분이 잘록해 보인다. 쐐기풀과가 기주식물이다.

● 별노린재과

우리나라에 사는 노린재 가운데 중간 정도의 크기로, 몸길이는 대략 10밀리
미터 내외입니다. 홑눈이 없으며 초식성입니다. 우리나라엔 별노린재, 땅별
노린재 2종이 삽니다.

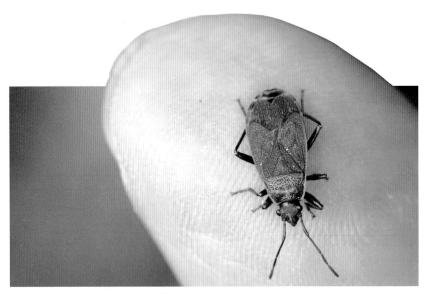

땅별노린재 몸길이는 9mm 내외, 2~11월에 보인다.

땅별노린재 별노린재와 달리 다리 기부가 주황색이다.

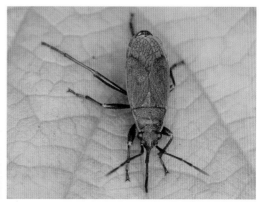

별노린재 몸길이는 9mm 내외, 전국적으로 분포하며 2～11월에 보인다.

별노린재의 주둥이가 선명하게 보인다.

여수별노린재(큰별노린재과) 몸길이는 12mm 내외로 주로 전남, 경남, 제주 등지에서 보인다. 앞날개에 검은색의 동그란 무늬가 나타난다. 예덕나무가 기주식물이다.

귤큰별노린재(큰별노린재과) 몸길이는 15～19mm며 전남, 경남, 제주 등지에서 보인다. 여수별노린재보다 크며 앞가슴등판이 더 튀어나와 차이를 보인다. 예덕나무가 기주식물이다.

● 허리노린재과

우리나라에 사는 노린재 가운데 중형～대형에 속하며 여느 노린재보다 몸이 조금 기다란 것이 특징입니다. 대부분 식물체의 즙을 빨지만 간혹 열매 즙을 빠는 종도 있습니다. 우리나라에는 16종이 기록되어 있습니다.

꽈리허리노린재 몸길이는 10~14mm, 전국적으로 분포하며
5~10월에 보인다.

꽈리허리노린재 몸에 회색 털이 빽빽하며 뒷다리의 넓적다리
마디가 발달했다.

꽈리허리노린재 약충

꽈리허리노린재 가지과와 메꽃과 식물에서 자주 보인다.

장수허리노린재 수컷 뒷다리의 넓적다리마디가 매우 발달했다. 몸길이는 18~24mm, 5~10월에 보인다.

장수허리노린재 암컷 수컷보다 뒷다리의 넓적다리마디가 가늘다.

장수허리노린재 3령 약충

장수허리노린재 4령 약충

장수허리노린재 5령 약충

장수허리노린재의 크기를 짐작할 수 있다.

큰허리노린재 수컷 뒷다리의 넓적다리마디가 발달했다. 몸길
이는 18∼25mm, 전국적으로 분포하며 4∼11월에 보인다.

큰허리노린재 암컷 수컷보다 뒷다리의 넓적다리마디가 가늘다.

큰허리노린재 아랫면 냄새샘과 숨구멍이 선명하게 보인다.

큰허리노린재 짝짓기 오른쪽이 수컷이다.

큰허리노린재 4령 약충

큰허리노린재 4령 약충

큰허리노린재 허물벗기
허물을 벗은 직후는
몸이 붉은색이다.

큰허리노린재 5령 약충

우리가시허리노린재는 뿔 끝이 약간 위를 향한다.

우리가시허리노린재 몸길이는 9~13mm. 전국적으로 분포하며 4~11월에 보인다.

우리가시허리노린재 4령 약충

우리가시허리노린재 짝짓기 주로 벼과나 마디풀과 식물에서 보인다.

시골가시허리노린재는 뿔 끝이 옆을 향한다.

시골가시허리노린재 몸길이는 9~11mm. 전국적으로 분포하며 4~11월에 보인다.

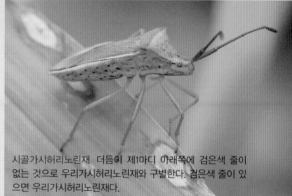

시골가시허리노린재 더듬이 제1마디 아래쪽에 검은색 줄이 없는 것으로 우리가시허리노린재와 구별한다. 검은색 줄이 있으면 우리가시허리노린재다.

시골가시허리노린재 5령 약충

시골가시허리노린재 5령 약충의 크기를 짐작할 수 있다.

시골가시허리노린재 우리가시허리노린재보다 몸이 가늘다.

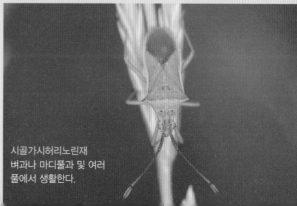

시골가시허리노린재 벼과나 마디풀과 및 여러 풀에서 생활한다.

넓적배허리노린재 더듬이 제1마디는 위아래 굵기가 비슷하다. 두점배허리노린재와 차이점이다.

넓적배허리노린재 몸길이는 11～15mm, 전국적으로 분포하며 4～11월에 보인다.

넓적배허리노린재 암컷 배 가장자리가 넓게 늘어나서 붙인 이름이다.

넓적배허리노린재 수컷

넓적배허리노린재 짝짓기

넓적배허리노린재 약충

날개에 두 점이 선명하게 보인다. 넓적배허리
노린재도 이 점이 있는 경우도 있다.

두점배허리노린재는 더듬이 제1마디가 위로 갈수록
넓어진다. 넓적배허리노린재와 차이점이다.

두점배허리노린재 몸길이는 12~16mm, 4~10월에 활동한다.

두점배허리노린재의 크기를 짐작할 수 있다.

두점배허리노린재 콩과 식물에서 산다.

두점배허리노린재 짝짓기

■ 소나무허리노린재 북아메리카 원산으로 우리나라에서는 2010년 창원에서 처음 발견되었다.

■ 소나무허리노린재 뒷다리의 종아리마디가 나뭇잎처럼 부풀어 있다.

■ 소나무허리노린재의 크기를 짐작할 수 있다. 몸길이는 15~20mm, 5~11월에 보인다.

■ 소나무허리노린재 약충

■ 소나무허리노린재 소나무, 잣나무 등의 열매에 심각한 피해를 준다고 알려졌다.

떼허리노린재 수컷 수컷 생식절에 돌기가 한 쌍 있다. V 자로 파인 것처럼 보인다.

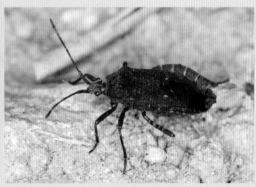

떼허리노린재 몸길이는 8~12mm, 3~10월에 보인다. 장미과, 국화과, 마디풀과 식물에서 주로 보인다.

떼허리노린재 암컷 배 끝이 넓은 V 자 모양인 것이 애허리노린재 암컷과 다르다.

애허리노린재 수컷 수컷 생식절에 돌기가 없다.

애허리노린재 짝짓기 몸길이는 8~11mm, 3~11월에 활동한다. 떼허리노린재와 서식지나 먹이식물이 비슷하다.

노랑배허리노린재 몸길이는 10～16mm, 4～12월에 전국적으로 보인다.

노랑배허리노린재 배 아랫면이 노란색이다.

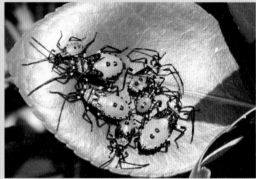

노랑배허리노린재 약충들 이 시기에는 모여 살며 주로 화살나무, 참빗살나무, 사철나무 등 노박덩굴과 식물에서 보인다.

노랑배허리노린재 약충들 사철나무 잎에 모여 있다.

노랑배허리노린재 짝짓기 오른쪽이 암컷이다.

노랑배허리노린재 앞가슴등판 양옆에 가시가 있는 종도 있고 없는 종도 있는 등 개체 변이로 추정된다.

● 호리허리노린재과

허리노린재과에서 분리되었으며 머리 폭이 앞가슴등판 폭과 거의 비슷한 점
이 허리노린재과와 다릅니다. 우리나라에는 6종이 기록되어 있으며, 톱다리
개미허리노린재가 대표적인 이 과의 노린재입니다.

톱다리개미허리노린재 수컷 배 옆에 노란색 점이 있다.

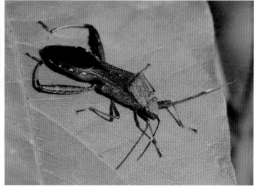

톱다리개미허리노린재 암컷 몸길이는 14~17mm, 전국에서 일
년 내내 보인다.

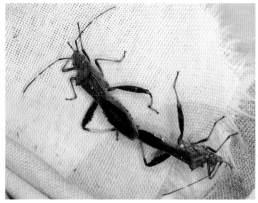

톱다리개미허리노린재 짝짓기 위쪽 개체가 암컷이다. 콩과나
벼과 식물에서 많이 보이며 단감 같은 과일도 먹는다.

톱다리개미허리노린재 2령 약충

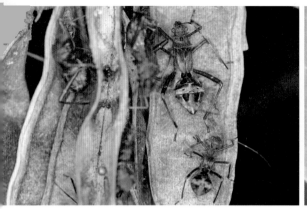

톱다리개미허리노린재 약충들이 모여 있다.   톱다리개미허리노린재 4,5령 약충

● 광대노린재과

우리나라에 사는 노린재 가운데 중형~대형에 속하며 몸 색이 화려한 종이
많습니다. 작은방패판이 매우 넓어 배 전체를 덮고 있으며 보통 초식성으로
알려졌습니다. 우리나라엔 6종이 산다고 기록되어 있습니다.

도토리노린재 전국적으로 분포한다. 몸길이는 10mm 내외,   도토리노린재 작은방패판이 배 전체를 덮고 있다.
5~10월에 활동한다.

도토리노린재 억새, 개밀 등 벼과 식　도토리노린재 개체마다 몸 색에 차이가 있다.　도토리노린재 약충
물에서 많이 보인다.

방패광대노린재 예덕나무가 기주식물로 알려졌다.

방패광대노린재 제주도와
남해안, 서해안 일부 지역에서만
관찰된다. 몸길이는 17~26mm,
5~10월에 보인다.

방패광대노린재 약충 기간에 빛을 충분히 쬐면 아래 개체처럼
어깨에 가시 돌기가 발달한다고 알려졌다.

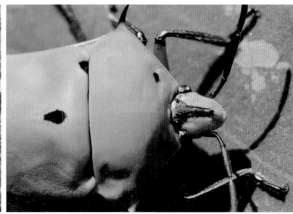

방패광대노린재 개체마다 색깔 차이가 있다. 모여 살며 산란 방패광대노린재 얼굴에 독특한 무늬가 나타난다.
후 알이 부화할 때까지 알 주변을 떠나지 않는다고 한다.

광대노린재 몸길이는 16~20mm, 5~11월에 보이며 전국적으로 분포한다. 개체마다 몸 색이 다양하다.

작은방패판이 늘어나서 배 전체를 덮는다.

그물 모양의 속날개

앞날개 막질부

앞날개 혁질부

광대노린재 날개 구조

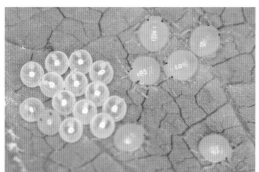

광대노린재 부화

광대노린재 1령 약충

2령

4령

3령

광대노린재 2,3,4령 약충

광대노린재 5령 약충으로 낙엽 밑이나 나무껍질 속에서 월동하고 이듬해 5월에 성충이 된다.

광대노린재 날개돋이 직후의 모습

광대노린재 날개돋이 직후의 모습 겹눈과 홑눈이 선명하게 보인다.

광대노린재 날개돋이 후 두 시간이 지난 뒤의 모습

광대노린재 조금씩 고유의 색이 나타나기 시작한다.

광대노린재 완전히 색을 띤 뒤의 모습. 왼쪽과 같은 개체는 아니고 옆에 있던 다른 개체다.

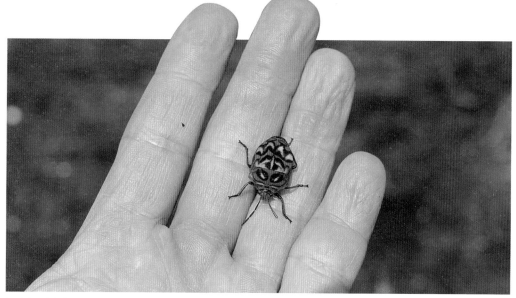

큰광대노린재의 크기를 짐작할 수 있다. 몸길이는 16～20mm, 5～11월에 보인다.

큰광대노린재 광대노린재보다 더 크고 광택이 강하다. 주로 회양목에서 많이 보이지만 가끔 다른 나무에서 보이기도 한다.

큰광대노린재 몸 아랫면 붉은색이 보인다.

큰광대노린재 3,4,5령 약충

큰광대노린재 3령 약충

큰광대노린재 5령 약충

큰광대노린재 5령 약충의 크기를 짐작할 수있다.

숨구멍

큰광대노린재 5령 약충의 아랫면 숨구멍이 선명하게 보인다.

큰광대노린재 허물벗기

● **톱날노린재과**

우리나라에 사는 노린재 가운데 중형~대형에 속하며 배마디 가장자리가 톱날처럼 튀어나와 붙인 이름입니다. 우리나라에는 1종만이 산다고 알려졌습니다.

톱날노린재의 크기를 짐작할 수 있다. 몸길이는 12~16mm, 6~10월에 주로 보인다.

톱날노린재 배마디 가장자리가 톱날 모양이라 붙인 이름이다.

톱날노린재 박과 식물에서 주로 보인다.

● 땅노린재과

이 과에 속한 노린재는 소형부터 중형, 대형까지 크기가 다양합니다. 몸 색은 주로 광택이 있는 검은색이나 갈색이며, 몸에 점각點刻이 많습니다. 흙 속이나 식물 뿌리 근처에서 살며 우리나라엔 15종이 기록되어 있습니다.

● 닮은 듯 다른 땅노린재과 ●

■■■ 땅노린재 몸길이는 7~10mm, 5~9월에 보인다. 몸은 검은색 또는 갈색이며 광택이 있다. 흙 속에서 생활한다.
■■■ 땅노린재의 크기를 짐작할 수 있다.
■■■ 땅노린재 성충, 약충

닮은땅노린재 땅노린재와 닮았지만 앞가슴등판과 작은방패판 점각이 더 촘촘하고 양옆으로 넓게 퍼져 있다. 몸길이는 7~10mm, 5~8월에 보인다. 몸은 검은색 또는 갈색이며 광택이 있다.

닮은땅노린재 불빛에도 잘 날아든다.

장수땅노린재 몸길이는 14~20mm, 4~10월에 보인다.

장수땅노린재 땅노린재 중 가장 크며 몸에 미세한 점각이 많다.

장수땅노린재 약충의 크기를 짐작할 수 있다.

장수땅노린재 약충

둥근땅노린재의 크기를 짐작할 수 있다. 몸길이는 4~6mm, 3~9월에 보이며 경기, 전남에서 관찰한 기록이 있다.

둥근땅노린재 적갈색 센털이 많이 나 있다. 잡초 사이 땅속에 산다.

북쪽애땅노린재 몸길이는 4~5mm, 7~8월에 보인다. 작은방 패판에 점각이 촘촘히 나 있는 것으로 애땅노린재와 구별한다.

북쪽애땅노린재의 크기를 짐작할 수 있다.

앞가슴등판에 점각이 흩어져 있다.

머리 앞쪽과 가슴 가장자리에 센털이 있다.

극동꼬마땅노린재 몸길이는 2~3mm. 몸은 갈색 또는 황갈색을 띠며 땅속에서 생활한다. 잡초의 뿌리 부근이나 이끼류 밑에서 주로 보인다.

극동꼬마땅노린재의 크기를 짐작할 수 있다.

참점땅노린재 암컷은 혁질부 양쪽에 하얀색 점이 하나씩 있지만 수컷은 이 점이 없다. 몸길이는 3~6mm, 암컷이 크다. 6~10월에 보인다.

참점땅노린재의 크기를 짐작할 수 있다.

● 잡초노린재과

우리나라에 사는 노린재 가운데 중간 정도의 크기로 몸이 조금 깁니다. 주로 식물 씨앗의 즙을 빨아 먹으며 우리나라에 13종이 산다고 기록되어 있습니다. 앞날개 막질부에 날개맥이 많은 것이 이 과의 특징이기도 합니다.

● 닮은 듯 다른 잡초노린재과 무리 ●

투명잡초노린재 앞날개 막질부에 날개맥이 뚜렷하며 투명하다. 날개는 배 끝을 넘는다. 몸길이는 5~7mm, 4~10월에 보인다.

붉은잡초노린재 앞날개에 흑갈색 점무늬가 흩어져 있다. 몸길이는 6~8mm다.

붉은잡초노린재 짝짓기 벼과, 마디풀과, 국화과 식물에서 산다.

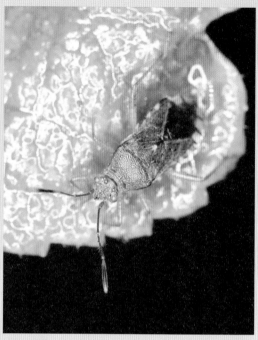

삿포로잡초노린재 짝짓기 앞날개 혁질부 끝부분이 붉은 것이
여느 잡초노린재와 다르다.

삿포로잡초노린재 몸길이는 6~7mm. 전국적으로 분포하며
4~12월에 활동한다.

앞날개 혁질부의 끝부분만 붉은
것이 긴잡초노린재와 차이점이다.

삿포로잡초노린재 벼과, 국화과, 마디풀과 등에서 주로 보인다.

- ■■□ 긴잡초노린재 몸길이는 8∼9mm. 각 다리의 넓적다리마디에 검은색 반점이 많다.
- ■■□ 긴잡초노린재 주로 강원도 지역에 분포하며 5∼9월에 보인다.
- ■■■ 긴잡초노린재 뒷다리의 검은색 반점과 앞가슴등판의 점각 크기로 삿포로잡초노린재와 구별한다.

- ■■□ 점흑다리잡초노린재 몸길이는 6∼8mm. 전국적으로 분포한다.
- ■■□ 점흑다리잡초노린재의 크기를 짐작할 수 있다.
- ■■□ 점흑다리잡초노린재 벼과, 국화과, 마디풀과 식물에서 많이 보인다.
- ■■□ 점흑다리잡초노린재 5월 말에 본 개체다.
- ■■■ 점흑다리잡초노린재 뒷다리의 넓적다리마디 안쪽이 검은색이다.

● 참나무노린재과

우리나라에 사는 노린재 가운데 중간 정도의 크기이며 몸이 대체로 납작하고 긴 타원형입니다. 더듬이는 겹눈 바로 앞에서 뻗었고 홑눈이 서로 가까이 붙어 있습니다. 초식성이며 우리나라에 10종이 산다고 알려졌습니다.

● 닮은 듯 다른 참나무노린재과 무리 ●

알을 낳고 있는 두쌍무늬노린재

두쌍무늬노린재 짝짓기

두쌍무늬노린재 앞날개 혁질부에 검은색 점이 2쌍 있다.

두쌍무늬노린재의 크기를 짐작할 수 있다. 몸길이는 14~16mm. 제주도를 제외한 전국에 분포하며 4~11월에 보인다.

두쌍무늬노린재 참나무노린재과는 더듬이가 겹눈 바로 앞에서 시작되는 것이 특징이다.

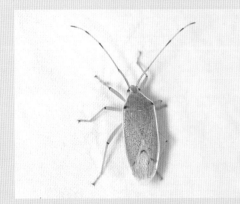
작은주걱참나무노린재 점각이 온몸에 퍼져 있다.

작은주걱참나무노린재 제주도를 제외한 전국에 분포한다.

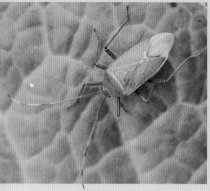

■■■ 작은주걱참나무노린재 몸길이는 11~13mm, 5~10월에 주로 보인다.

■■■ 작은주걱참나무노린재의 크기를 짐작할 수 있다.

■■■ 작은주걱참나무노린재 암컷

더듬이 제1마디 바깥쪽이 검은색이다.

■■■ 뒤창참나무노린재 수컷 생식절 돌기가 창처럼 생겼다.

■■■ 뒤창참나무노린재 몸길이는 12~15mm, 점각들이 날개 양옆으로 치우쳐 있다.

■■■ 뒤창참나무노린재의 크기를 짐작할 수 있다. 제주도를 제외한 전국에 분포하며 5~11월에 보인다. 참나무류 나무에서 주로 활동한다.

■■■ 뒤창참나무노린재 짝짓기

■■■ 뒤창참나무노린재 암컷

● 알노린재과

우리나라에 사는 노린재 가운데 소형종에 속하며 몸은 달걀 모양입니다. 작은방패판이 늘어나 배를 완전히 덮으며, 주로 콩과科 식물에서 많이 보입니다. 우리나라에 9종이 산다고 알려졌습니다.

● 닮은 듯 다른 알노린재과 무리 ●

몸 가장자리에 노란색 줄무늬가 있다.

노랑무늬알노린재 몸길이는 2~3mm, 6~10월에 보인다.

노랑무늬알노린재 콩과 식물에서 보인다.

가슴에 두 줄의 가로줄 사이에 연노란색 무늬가 2개 있다.

눈박이알노린재 몸길이는 3~4mm, 5~10월에 활동한다.

눈박이알노린재 콩과 식물에 무리 지어 산다.

알노린재 배 가장자리 앞쪽에 황백색 줄이 있는 것으로 눈박이알노린재와 구별한다.

알노린재 쑥에서 무리 지어 산다. 몸길이는 3~4mm, 6~8월에 보인다.

- 동쪽알노린재 몸길이는 3~4mm, 7~10월에 보인다. 제주도를 제외한 전국에 서식한다.
- 동쪽알노린재의 크기를 짐작할 수 있다.
- 동쪽알노린재 머리에 황백색 세로줄이 2개, 앞가슴등판 앞쪽에 황백색 가로줄이 2줄 나타나 있어 여느 알노린재와 구별된다.

희미무늬알노린재 작은방패판에 있는 황백색 점이 여느 알노 린재보다 매우 작다.

희미무늬알노린재 짝짓기

희미무늬알노린재 마디풀과 식물에서 자주 보인다. 배 가장자 리에 중간에 끊어지는 황백색 줄무늬가 있다.

희미무늬알노린재의 크기를 짐작할 수 있다. 몸길이는 3~4mm, 4~10월에 제주도를 제외한 전국에서 보인다.

여느 알노린재와 몸 색이 달라 쉽게 구별된다.

무당알노린재의 크기를 짐작할 수 있다.

무당알노린재 몸길이는 4~6mm, 전국적으로 분포하며 4~10월 에 보인다.

무당알노린재 콩과 식물에 무리 지어 산다.

무당알노린재 황록색 바탕에 흑갈색 점각이 빽빽하다.

● 장님노린재과

우리나라에 사는 노린재 가운데 몸길이가 2~5밀리미터인 소형이며 대부분 몸이 길거나 타원형입니다. 홑눈장님노린재아과만 빼고는 홑눈이 없습니다. 대부분 초식성이지만 무늬장님노린재아과에 속하는 장님노린재는 육식성이며, 초식성 노린재도 알을 낳을 때는 동물성 먹이를 먹는다고 합니다. 우리나라에는 220여 종이 기록되어 있습니다.

◀ 닮은 듯 다른 장님노린재과 무리 ▶

털보장님노린재 온몸에 털이 많다. 몸길이는 6~8mm, 4~6월에 보인다.

털보장님노린재 약충 성충과 약충 모두 짚신깍지벌레를 의태하여 잡아먹는다.

소나무장님노린재 앞가슴등판과 작은방패판은 적갈색이며 검은색 점각이 흩어져 있다. 몸길이는 4~5mm, 6~9월에 활동한다.

닮은소나무장님노린재 소나무장님노린재보다 약간 더 크고 길다. 몸길이는 5~6mm, 3~12월에 보인다. 앞가슴등판 가장자리에 흰색 테두리가 없는 점이 소나무장님노린재와 다르다.

밀감무늬검정장님노린재 체색 변이가 심하다.

밀감무늬검정장님노린재 몸길이는 7~9mm, 5~8월에 활동한다.

밀감무늬검정장님노린재 다양한 식물에서 보인다.

밀감무늬검정장님노린재 약충 성충과 약충 모두 육식성이다.

밀감무늬검정장님노린재
제주도를 제외한 전국에 서식한다.

밀감무늬검정장님노린재 약충의 허물벗기

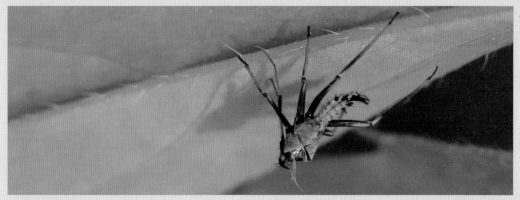

밀감무늬검정장님노린재 약충 허물

막 허물을 벗은 밀감무늬검정장님노린재 약충(아랫면)

막 허물을 벗은 밀감무늬검정장님노린재 약충(윗면)

밀감무늬검정장님노린재 약충 허물을 벗고 나서 몸이 마르면 본래의 색이 나타난다.

알락무늬장님노린재 매미나방 애벌레를 사냥해 먹고 있다.

알락무늬장님노린재 체색 변이가 심하다.

알락무늬장님노린재 몸길이는 9~12mm, 5~6월에 주로 보인다.

알락무늬장님노린재 작은방패판 가운데에 황백색 하트 무늬가 있다.

대륙무늬장님노린재 육식성 노린재다.

대륙무늬장님노린재 약충

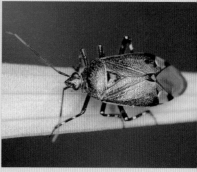

- 대륙무늬장님노린재 몸길이는 9~13mm, 5~7월에 경기, 강원, 충북, 경북, 경남 등에서 보인다.
- 대륙무늬장님노린재의 크기를 짐작할 수 있다.
- 대륙무늬장님노린재 장님노린재과에서는 비교적 큰 노린재로 잎벌레의 애벌레와 동족 포식도 하는 육식성이다.

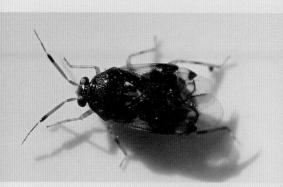

- 새꼭지무늬장님노린재 낮보다는 밤에 불빛에 자주 찾아든다.
- 새꼭지무늬장님노린재 느티나무 껍질 밑에서 성충으로 월동한다. 몸길이는 4mm 내외다.

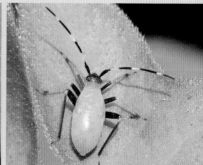

- 설상무늬장님노린재의 크기를 짐작할 수 있다. 몸길이는 6~9mm, 6~10월에 주로 보인다.
- 설상무늬장님노린재 전국적으로 분포한다. 국화과, 콩과, 벼과 등 다양한 식물에서 보인다.
- 설상무늬장님노린재 약충

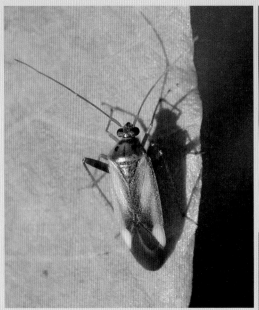

변색장님노린재 몸길이는 6∼9mm, 전국적으로 분포한다.

변색장님노린재의 크기를 짐작할 수 있다. 다양한 식물에서 보인다.

변색장님노린재 옆면 숨구멍이 뚜렷하게 보인다.

변색장님노린재 약충 5월 말에 만난 개체다.

변색장님노린재 5∼11월에 나타나며 앞가슴등판에 검은색 점이
한 쌍 있다.

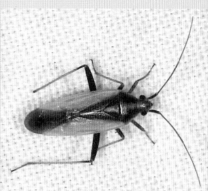

- 홍색얼룩장님노린재 전국적으로 분포하며 주로 벼과 식물에서 보인다.
- 홍색얼룩장님노린재 몸길이는 4∼6mm, 5∼10월에 보인다.
- 홍색얼룩장님노린재 밤에 불빛에도 잘 찾아든다.

민장님노린재 몸길이는 8∼9mm, 제주도를 제외한 전국적으로 분포하며 5∼6월에 주로 보인다.

민장님노린재 작은방패판 일부가 위로 약간 튀어나왔다. 다양한 꽃에서 보인다.

각시장님노린재의 크기를 짐작할 수 있다. 몸길이는 3∼5mm, 5∼10월에 주로 보인다.

각시장님노린재 설상부(날개 끝부분으로 쐐기를 뜻함)가 붉은색이다. 명아주과 식물이 기주식물이다.

큰흰솜털검정장님노린재 몸길이는 4~5mm, 제주도를 제외한 전국에 분포한다. 5~10월에 보인다.

큰흰솜털검정장님노린재의 크기를 짐작할 수 있다.

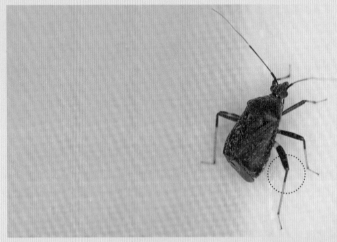

큰흰솜털검정장님노린재 뒷다리의 종아리마디 중간에 연한 노란색 고리무늬가 없는 것으로 흰솜털검정장님노린재와 구별한다.

흰솜털검정장님노린재 작은방패판 끝에 노란색 또는 주황색 점무늬가 있다. 다양한 풀에서 생활하며 불빛에도 잘 찾아든다.

흰솜털검정장님노린재 몸길이는 3~4mm, 4~10월에 보인다. 위에서 보면 앞날개 뒷부분이 잘려 나간 것처럼 보인다.

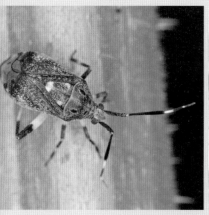

■■■ 탈장님노린재 앞가슴등판에 검은색 점이 한 쌍 있다.
■■ 탈장님노린재 허물벗기
■■■ 탈장님노린재 몸길이는 5~8mm, 전국적으로 분포하며 5~11월에 주로 보인다.

■■ 동쪽탈장님노린재 앞가슴등판에 점무늬가 작고 세로줄 모양이라 탈장님노린재와 구별된다.
■■ 동쪽탈장님노린재 주로 싸리 종류에서 많이 보인다. 몸길이는 4~6mm, 5~9월에 보인다.

■■ 꼭지장님노린재 주로 소나무나 잣나무에서 생활한다. 몸길이는 5mm 내외, 6~8월에 보인다. 강원도에서만 관찰한 기록이 있다.
■■ 애무늬고리장님노린재 설상부 끝에 검은색 점이 있다. 몸길이는 4~6mm, 5~12월에 보이며 제주도를 제외한 전국에 서식한다. 다양한 작물에서 보인다.

초록장님노린재 설상부 끝에 검은색 점이
없어 애무늬고리장님노린재와 구별된다.

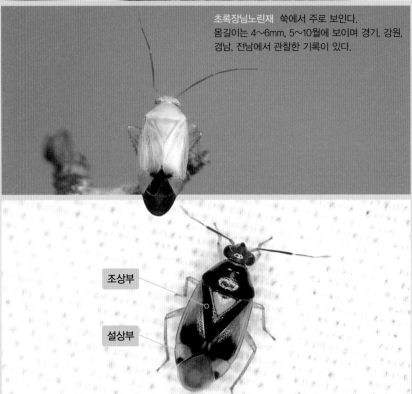

초록장님노린재 쑥에서 주로 보인다.
몸길이는 4~6mm, 5~10월에 보이며 경기, 강원,
경남, 전남에서 관찰한 기록이 있다.

조상부

설상부

검은깃장님노린재 앞날개 조상부와 혁질부 아래쪽이 검은색이다. 몸길이는 5mm 내외, 강원도에서 관
찰한 기록이 있다. 2016년 새로운 종으로 등록되었으며 밤에 불빛에도 잘 찾아든다.

■■■ 두무늬장님노린재 밤에 불빛에도 잘 찾아든다. 앞날개 혁질부에 넓은 검은색 가로띠가 있다.

■■ 두무늬장님노린재의 크기를 짐작할 수 있다.

■■ 두무늬장님노린재 설상부 끝에 검은색 점이 있다. 몸길이는 4~6mm, 5~9월에 다양한 식물에서 보인다.

■■■ 붉은다리장님노린재 몸길이는 4~5mm, 7~9월에 경기, 경남, 제주 등에서 보인다.

■■ 붉은다리장님노린재의 크기를 짐작할 수 있다. 불빛에 날아든 개체다.

■■ 붉은다리장님노린재 뒷다리의 넓적다리마디에 붉은빛이 강하게 돌아서 붙인 이름이다.

■ 코장님노린재 떡갈나무에서 생활하며 나비목 유충을 잡아먹는다고 알려졌다. 몸길이는 6~7mm, 5~8월에 보인다.

■ 참고운고리장님노린재 앞가슴등판 앞쪽에 검은색 점이 한 쌍 있다. 몸길이는 6~7mm, 5~7월에 보인다. 참나무류 나무가 기주 식물로 알려졌다.

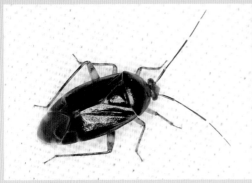 

고운고리장님노린재 참나무류에서 주로 보인다. 몸길이는
5~6mm, 4~7월에 보이며 경기, 충남에서 관찰한 기록이 있다.

고운고리장님노린재 앞날개 혁질부가 검은색이다.

광택장님노린재 앞날개 설상부의 기부 경계가 노란색이다. 몸길이는 6~8mm, 5~7월에 보이며 강원, 전남에서 관찰한 기록이 있
다. 다양한 활엽수가 기주식물로 알려졌지만 작은 곤충을 잡아먹기도 한다.

홍맥장님노린재 몸길이는
6~8mm, 제주도를 제외한 전국
에 분포한다. 3~10월에 보인다.

홍맥장님노린재 뒷다리의 넓적다리마디에 크고 작은 가시 2개가
있다. 벼과나 사초과 식물이 기주식물이다.

보리장님노린재 더듬이 제1마디가 짧고 굵다. 몸길이는 8~10mm, 4~7월에 활동하며, 벼과나 사초과 식물에서 주로 보인다.

빨간촉각장님노린재 더듬이가 빨간색이다. 몸길이는 4~6mm, 4~10월에 벼과 식물에서 주로 보인다.

큰검정뛰어장님노린재의 크기를 짐작할 수 있다. 몸길이는 2~3mm, 7~10월에 경작지 주변에서 주로 보인다.

큰검정뛰어장님노린재 광택이 있는 검은색이며 흰색의 납작한 털 뭉치가 흩어져 점처럼 보인다.

명아주장님노린재 몸길이는 3~4mm, 전국적으로 분포한다. 명아주과 식물을 먹는다. 5~10월에 보인다.

최고려애장님노린재 수컷 더듬이 제1마디가 굵다. 몸길이는 5~6mm, 4~5월에 보인다.

최고려애장님노린재 암컷 암수가 다르게 생긴 성적이형性的異型이다. 주로 참나무류 식물에서 생활한다.

최고려애장님노린재의 크기를 짐작할 수 있다.

최고려애장님노린재 약충

고려애장님노린재 암컷 암수가 다르게 생긴 성적이형이다. 참나무류에서 생활한다. 몸길이는 5mm 내외, 4~5월에 활동한다.

530

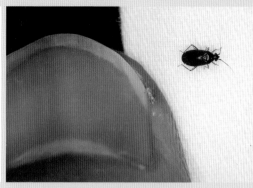

닮은다리장님노린재 몸이 작고 다리가 연한 미색이다. 쑥이 기
주식물이며 불빛에도 찾아든다.

닮은다리장님노린재의 크기를 짐작할 수 있다.
몸길이는 2~3mm, 6~7월에 보인다.

산장님노린재 몸길이는 6~7mm, 5~6월에 보인다. 제주도를
제외한 전국에 분포한다.

산장님노린재 몸은 전체적으로 광택이 약한 검은색이고 은색 털
이 흩어져 있다. 기주식물인 고추나무에 모여 산다.

홍테북방장님노린재(신칭) 2015년 새로운 종으로 기록된
한국 고유종이다. 앞가슴등판, 작은방패판, 다리가 주황색
또는 노란색이다. 몸길이는 5~6mm, 5~8월에 보이며 왕
바랭이가 기주식물로 알려졌다.

● 꽃노린재과

아주 작은 노린재로 보통 몸길이가 2밀리미터가량입니다. 몸은 전체적으로
달걀 모양이며 납작합니다. 우리나라엔 14종이 산다고 알려졌습니다. 나비목
애벌레, 멸구 등 작은 곤충을 잡아먹는 육식성이지만 간혹 식물 즙을 빨아 먹
기도 합니다.

맵시꽃노린재 경기, 전남, 전북에 분포하며
몸길이는 3mm 내외로 작은 노린재다.

맵시꽃노린재의 크기를 짐작할 수 있다.

맵시꽃노린재 활엽수나 각종 꽃
에서 자주 보이며 나무껍질 밑에
서 성충으로 월동한다.

맵시꽃노린재 앞날개 막질부는
길어서 배 끝을 넘으며 우윳빛
무늬가 나타난다. 깍지벌레,
진딧물, 총채벌레 등을 포식한다고 알려졌다.

맵시꽃노린재 육식성이지만
간혹 식물 즙을 빨아 먹기도
한다. 지칭개 줄기에 주둥이를
꽂고 있다.

매미아목

매미는 유시아강 신시류 외시류 노린재군에 속하는 곤충입니다. 겹쳐 접을
수 있는 날개가 있으며, 번데기를 만들지 않는 안갖춘탈바꿈(불완전변태)을
하는 곤충 무리 중에서 찔러서 빨아 먹는 입틀인 노린재군에 속합니다. 외시
류 중 씹어 먹는 입틀의 곤충 무리는 메뚜기군이라고 합니다. 좀 더 세분해서
들어가면 매미는 노린재군 노린재목에 속합니다. 노린재목은 다시 노린재아
목, 매미아목, 진딧물아목이 있으며, 매미는 당연히 매미아목에 속합니다.

외시류	메뚜기군			
	노린재군	다듬이벌레목		
		이목		
		총채벌레목		
		노린재목	노린재아목	
			진딧물아목	
			매미아목	거품벌레상과
				뿔매미상과
				매미충상과
				꽃매미상과
				매미상과
				매미아과
				좀매미아과

우리나라 매미는 매미아과와 좀매미아과로 나뉘는데, 그 기준은 진동막덮개의 유무입니다. 진동막 덮개가 있으면 매미아과, 없으면 좀매미아과입니다. 우리가 주로 접하는 매미는 진동막 덮개가 있는 무리입니다.

| 노린재목 | 매미아목 | 매미상과 | 매미아과 | 털매미, 늦털매미, 참깽깽매미, 말매미, 유지매미, 참매미, 소요산매미, 쓰름매미, 애매미 |
| | | | 좀매미아과 | 세모배매미, 호좀매미, 풀매미 |

* 한국 매미 분류표(『한국 매미 생태 도감』, 김선주, 송재형, 자연과 생태, 2017 참조)

매미아과	애매미족	애매미아족	애매미속	쓰름매미
				애매미
		소요산매미아족	소요산매미속	소요산매미
	털매미족	늦털매미속		늦털매미
		털매미속		털매미
	말매미족	말매미속		말매미
		깽깽매미속		*참깽깽매미
	유지매미족	유지매미속		유지매미
	참매미족	참매미속		참매미

* **참깽깽매미**: 한국산 깽깽매미 기록은 모두 참깽깽매미를 잘못 동정한 것임(『우리 매미 탐구』, 이영준, 지오북, 2005)

좀매미아과	세모배매미족	세모배매미속	세모배매미
		풀매미속	*풀매미
		좀매미속	호좀매미
			*두눈박이좀매미

* **풀매미**: 풀매미와 고려풀매미는 동일종임(이영준, 2008 논문)
* **두눈박이좀매미**: 남한에 서식하지 않고 북한과 중국 동북부지방에 서식

매미 하면 가장 먼저 떠오르는 건 울음소리입니다. 매미는 어떤 원리로 소리를 낼까요?

북소리가 나는 원리와 비슷합니다. 북을 치면 가죽 표면이 진동하면서 소리가 나는데 매미의 배에 있는 하얀 갈빗대 같은 진동막이 이 역할을 합니다. 진동막에 연결된 발음근육(발음근)이 길게 늘어났다가 줄어들면 막이 떨리면서 소리가 나게 됩니다. 북의 내부가 비어 있듯이 매미의 배에도 텅 빈 공간인 '공명실'이 있습니다. 매미의 진동막에서 생긴 떨림을 더 큰 소리로 만들어주는 역할을 합니다. 이러한 까닭에 몸집이 큰 매미의 소리가 더 크게 들립니다.

매미는 수컷이 웁니다. 암컷을 끌어들이기 위한 유인음이죠. 하지만 유인음만 있는 것이 아닙니다. 매미는 자신의 의사를 표현하기 위해 여러 가지 소리를 냅니다.

- 유인음: 암컷을 불러들이기 위한 소리
- 공격음: 같은 종인 다른 수컷의 소리를 방해하거나 경고할 때 내는 소리
- 교란음: 천적에게 위협을 주기 위해 내는 소리. 평소보다 더 높은 소리를 낸다.
- 비명음: 잡혔을 때 내지르는 소리

우리나라 매미과에는 12종의 매미가 있습니다. 이들은 모두 찌르는 주둥이로 나무 수액을 빨아 먹습니다. 수컷은 발음기를 이용해 소리를 내지만 암컷은 발음기가 없어서 소리를 내지 못합니다. 고막은 배 기부에 한 쌍이 있습니다. 암컷은 대략 200~600개 알을 나뭇가지에 낳는다고 알려졌습니다.

매미 명칭-애매미 암컷

진동막 덮개-말매미

매미는 암수를 어떻게 구별할까요? 울음소리 말고 형태로 구별할 수 있을까요? 매미를 뒤집어놓고 보면 구별할 수 있습니다. 우선 배딱지의 크기가 다릅니다. 암컷의 배딱지는 좁은 반면 수컷의 배딱지는 꽃잎처럼 넓습니다. 배 끝도 다르게 생겼습니다. 암컷은 산란관이 있어 가운데에 홈이 있고 뾰족합니다. 이 산란관의 모양은 매미마다 조금씩 다르며, 애매미나 쓰름매미처럼 암컷의 산란관이 침처럼 날개 밖으로 보이는 종은 암수 구별이 쉽습니다.

매미의 날개는 앞뒤 날개의 크기가 다릅니다. 쉬고 있을 때에는 커다란 앞날개만 보이지만 날개를 펼치면 앞날개 뒤로 작은 뒷날개가 보입니다. 모두 투명한 그물 날개입니다. 하지만 자연의 개체는 언제나 100퍼센트 완벽하게 일치하지 않는 법, 유지매미는 날개가 기름종이처럼 불투명합니다. 우리나라 매미 가운데 이렇듯 날개가 기름종이처럼 보이는 개체는 유지매미뿐입니다.

암컷은 배딱지가 좁다.　　　수컷은 배딱지가 넓다.

암컷의 산란관은 뾰족하고 가운데 홈이 있다.

참매미 암수

말매미 암컷　　　말매미 수컷

말매미 암수

앞날개

뒷날개

유지매미 날개

매미는 홑눈이 3개지만 매미충과는 홑눈이 2개다.

겹눈

홑눈

더듬이

참매미 얼굴

얼굴에는 커다란 겹눈 2개와 3개의 홑눈이 있습니다. 이 홑눈의 수는 집안이 같은 매미충과(매미아목 매미충상과)와 구별점이 됩니다. 매미는 홑눈이 3개, 매미충과는 2개입니다. 더듬이는 짧습니다. 잠자리처럼 그리 짧지는 않지만 여느 곤충들에 비하면 짧습니다.

매미 주둥이는 주삿바늘처럼 길게 생겼습니다. 이 긴 주삿바늘로 나무의 수액을 빨아서 먹습니다. 그런데 얼굴을 자세히 보면 여느 곤충과는 달리 이마처럼 생긴 독특한 부분이 눈에 띕니다. 이 부분을 이마방패라고 하는데 안은 근육으로 이루어졌습니다. 매미의 먹이 습성과 관련 있는 부위이지요. 주삿바늘 주둥이를 나무에 꽂고 빨아들이려면 힘이 많이 들겠지요. 바로 이 이마방패의 근육이 그 역할을 해냅니다.

그런데 매미와 입틀이 비슷한 노린재는 이 부분이 발달하지 않았습니다. 그 이유는 매미의 먹이 섭취 습성에서 찾을 수 있습니다. 노린재는 먹잇감에 주둥이를 꽂고 소화액을 넣은 후 예비 소화 단계를 거쳐 먹이를 먹지만 매미는 그렇지 않습니다. 나무에 흐르는 수액을 직접 빨아서 먹기 때문에 힘이 많이 듭니다. 특히 매미는 나무의 체관부가 아닌 물관부에 주둥이를 꽂고 수액을 섭취하므로 더 많이 힘들겠지요.

나무의 체관부는 위에서 아래로 흐르고 물관부는 아래에서 위로 흐릅니다. 체관부에 주둥이를 꽂으면 쉽게 수액을 먹을 수 있지만, 신기하게도 매미는 물관부에 주둥이를 꽂습니다. 아래에서 위로 흐르는 물관부에 주둥이를 꽂고 힘차게 빨아들여야 수액을 섭취할 수 있기 때문에 이마방패가 발달되었습니다.

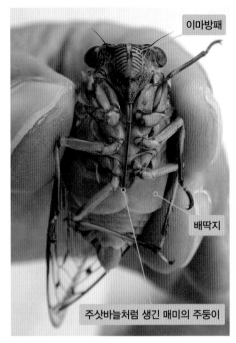

참매미 주둥이

매미의 애벌레 시기는 종마다 다릅니다. 우리나라에 사는 매미는 보통 2~7년의 애벌레 시기를 거친다고 알려졌습니다. 소형 매미는 2~5년 사이, 대형 매미는 5~7년 정도라고 합니다. 알에서 깨어난 애벌레는 땅속으로 들어가 나무뿌리의 수액을 빨아 먹으며 살고, 대략 4~5번 허물을 벗습니다. 성충이 된 뒤로 2~4주의 삶을 이어간다고 합니다. 이 짧은 기간에 매미는 짝짓기를 하고 알도 낳아야 합니다. 그리고 수컷이 울음소리를 내려면 며칠이 걸린다고 하니 매미 울음소리가 절박하게 느껴집니다.

애벌레가 남긴 마지막 허물은 보통 나뭇가지 등에 붙어 있고, 매미마다 허물 모양이나 크기가 다릅니다. 그리고 암수 구별도 가능합니다. 배 끝부분이 암컷과 수컷이 다르게 생겼으니까요.

매미의 천적은 다양합니다. 사마귀 같은 육식성 곤충이나 거미가 가장 대표적인 천적이지요. 힘든 애벌레 시기를 보내고 막 성충이 되기 위해 날개돋이를 하는 순간도 매미에게는 위험한 순간입니다. 그렇다고 땅속에서 보내는

참매미 암컷

참매미 수컷

참매미 암수 허물

매미 허물

대표적인 매미의 천적 무당거미가 거미그물에 걸린 애매미를 먹고 있다.

매미 애벌레의 천적 매미꽃동충하초

애벌레 시기가 안전한 것은 아닙니다. 이 시기에도 천적이 있는데 대표적으로 동충하초균이 있습니다. 이 균에 감염되면 푸른 하늘을 보기도 전에 생을 마감하고 맙니다.

백강균에 감염된 유지매미

통거미에게 먹히고 있는 늦털매미 애벌레

갈색여치에게 먹히고 있는 소요산매미 애벌레

개미에게 먹히고 있는 늦털매미 애벌레

지네에게 먹히고 있는 늦털매미 애벌레

●우리나라 매미

| 털매미 |

온몸에 짧은 털이 덮여 있어 붙인 이름입니다. 5월부터 9월 중순까지 보이며 우리나라 산과 평지에 두루 살아갑니다. 최초 기록지는 일본이며 당시 기록명은 '씽씽매미'였으나 조복성(『조복성 곤충기』의 저자)이 '털매미'로 기재했습니다.

털매미 날개 끝까지의 길이는 수컷 35mm, 암컷 36mm 정도다. 5~9월에 볼 수 있다.

털매미 아랫면 검은 바탕에 흰 가루로 덮여 있다.

털매미 뒷날개는 가장자리만 투명하고 모두 검은색이다.

털매미 허물

찌~ 하며 약한 연속음으로 울기 때문에 귀 기울여 듣지 않으면 지나치기 십상입니다. 산란한 이듬해에 부화해 애벌레 시절을 시작합니다. 날개돋이는 대부분 땅에서 1미터 내외의 낮은 곳에서 합니다.

| 늦털매미 |

털매미와 비슷하지만 늦게 나타나 붙인 이름입니다. 털매미처럼 온몸에 짧은 털이 덮여 있습니다. 8월 말부터 11월 초까지, 가장 늦게까지 보이는 매미입니다. 찌이~ 하는 연속음으로 울어대고, 암컷은 보통 죽은 가느다란 나뭇가지에 알을 낳습니다.

늦털매미 온몸에 짧은 털이 덮여 있다. 날개 끝까지의 길이는 수컷 35mm, 암컷 38mm 정도다.

늦털매미 우리나라에서 가장 늦게까지 보이는 매미. 8~11월에 볼 수 있다.

늦털매미 뒷날개가 털매미와 다르다.

늦털매미 털매미보다 털이 길고 더 빽빽하다.

산란한 이듬해에 부화해 애벌레 시절을 시작합니다. 털매미처럼 1미터 내외인 낮은 곳에서 대부분 날개돋이를 합니다. 최초 기록지는 우리나라 태릉으로, '씽씽매미'로 불리다가 늦털매미로 기재(조복성)되었습니다.

무당거미 거미줄에 매달려 있는
늦털매미 날개

늦털매미 날개돋이

늦털매미 애벌레가 나온 구멍

늦털매미 허물

늦털매미와 참매미 허물 비교 작은 것이 늦털매미다.

| 참깽깽매미 |

우리나라에 사는 매미 가운데 가장 무늬와 색깔이 화려합니다. 7월 초순부터 10월 초까지 볼 수 있으며 유지매미, 말매미 등과 함께 대형종에 속합니

■▬ **참깽깽매미** 한지성 매미다. 날개 끝까지의 길이는 수컷 53mm, 암컷 55mm 내외로 7~10월에 볼 수 있다.
■▬ **참깽깽매미** 소리가 독특하여 소리를 듣고 찾을 수 있다. 우리나라에 사는 매미 가운데 가장 화려하다.
■▬ **참깽깽매미** 가운데가슴판에 노란색 W 자 무늬가 선명하다. 밤에 등불에 찾아든다.

참깽깽매미 얼굴

다. 한지성寒地性 매미로 중부지방과 북부지방
에는 600미터 이상의 고산지대 산 중턱에서
보이기 시작하지만, 해발고도가 높은 강원
도는 어디에서나 울음소리를 들을 수 있습
니다. 남부지방은 해발고도가 더 높은 산에
서 보입니다.

조복성에 따르면, 깨앵, 깨앵 하고 얻어맞은 개의

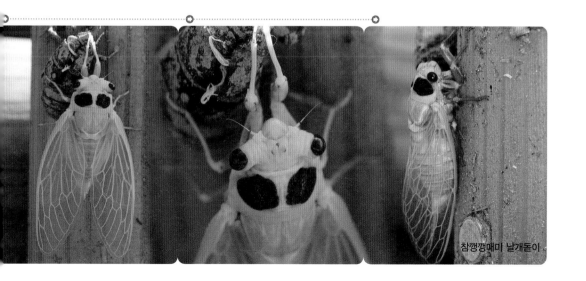

참깽깽매미 날개돋이

참깽깽매미 사체 행동이 민첩하지 못해 천적인 새의 공격에 꼼짝 못 한다.

비명 소리를 닮아서 붙인 이름이라고 하지만 실제 소리는 뜨르르르르~ 하는 연속음으로 들립니다. 일설에 따르면, 소요산매미의 울음소리와 혼동해서 붙인 이름이라고도 합니다. 소요산매미 울음소리는 타카 타카 타카 하고 끝나는데 이 소리가 오히려 강아지 소리처럼 들린다는 것이지요.

일본인 모리(Mori, 1931)가 전라남도 백암산에서 깽깽매미를 채집했다는 기록이 있는데 이는 참깽깽매미와 혼동한 것으로, 우리나라에는 깽깽매미는 없고 참깽깽매미만 서식합니다. 참깽깽매미의 최초 기록지는 우리나라 속리산과 가야산입니다.

| 말매미 |

우리나라에 사는 매미 중 가장 크고, 몸이 전체적으로 검어 검은매미란 별명도 있습니다. 말매미의 '말'은 크다는 뜻입니다. 최초 기록지는 중국이며 6월 말에서 10월 초까지 볼 수 있습니다. 차르르르르~ 강한 연속음으로 우는 우리나라에서 가장 울음소리가 큰 매미입니다.

고도가 높은 곳이나 깊은 산에는 거의 살지 않고 비교적 더운 곳을 좋아하는 남방계 매미로, 여름에 대도시의 높은 기온에 잘 적응합니다. 가끔 도시에서 대발생을 하여 시끄럽게 울어대기도 합니다.

말매미의 크기를 짐작할 수 있다.

말매미 우리나라에서 가장 큰 매미다. 날개 끝까지의 길이는 암수 65mm 내외, 6~10월에 보인다. 전체적으로 검은빛이 강해 검은매미로도 불린다.

말매미 앞날개보다 뒷날개가 훨씬 작으며 날개 기부는 검은색이다.

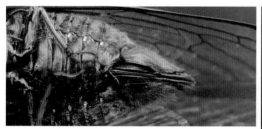

말매미 암컷 산란관

말매미 애벌레가 날개돋이를 하기 위해 나온 구멍

말매미 애벌레

말매미가 막 날개돋이를 하고 있다.

말매미 날개돋이

말매미 허물

암컷이 낳은 알은 이듬해 6월에 부화해 애벌레가 됩니다. 보통 애벌레로 7년 정도 산다고 알려졌습니다.

| 유지매미 |

우리나라에 사는 매미 가운데 유일하게 날개가 불투명하며, 7월 초순부터 9월 중순까지 볼 수 있습니다. 최초 기록지는 일본으로, 몸길이 36센티미터 내외의 대형종입니다. 1931년 일본인 모리(Mori)가 기름 끓는 소리로 운다고 해서 기름매미라고 이름 붙였고, 우리나라에서는 조복성이 날개가 기름종이처럼 생겼다고 해서 유지매미라고 이름 붙였습니다.

암컷은 나무껍질에 알을 낳고, 산란한 이듬해 여름에 부화합니다. 연속적으로 지글지글~ 울음소리를 냅니다.

유지매미 날개 끝까지의 길이는 수컷 55mm, 암컷 58mm 내외로 대형종이다. 7~9월에 보인다. 날개가 불투명하다.

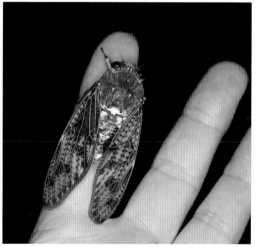

유지매미의 크기를 짐작할 수 있다.

날개돋이 직후의 유지매미

유지매미 허물

유지매미

애매미

참매미

유지매미, 참매미, 애매미 비교

| 참매미 |

우리나라 기준종 매미로 최초 기록지는 중국 북부입니다. 7월 초부터 9월 중순까지 볼 수 있으며 몸길이 33센티미터 내외의 중간 크기입니다. 강하게 단절음으로 밈밈밈밈~미 울음소리를 내며 산란한 이듬해 여름에 알이 부화합니다.

우리나라 전역의 평지와 산에서 서식하며, 높은 나무나 낮은 나무를 가리지 않고 앉는 특성이 있습니다.

참매미 날개 끝까지의 길이 수컷 56mm, 암컷 60mm 내외의 중간 크기로, 6~9월에 보인다. 우리나라 전역에 서식한다.

참매미의 크기를 짐작할 수 있다.

참매미

■■■ 참매미 날개 뒷날개가 훨씬 짧다.

■■■ 참매미 다리 끝에 날카로운 발톱이 있어 나무에 잘 붙는다.

■■■ 참매미 암컷은 짝짓기 후 배마디 끝에 달린 바늘 모양의 날카로운 산란관을 찔러 식물의 조직 속에 알을 낳는다. 부화 후 애벌레는 땅을 파고 들어가 대롱 모양의 주둥이를 나무뿌리에 박고 수액을 빨아 먹으며 생활한다. 여름밤 숲에 가면 쉽게 찾을 수 있는 친근한 매미다.

참매미 애벌레

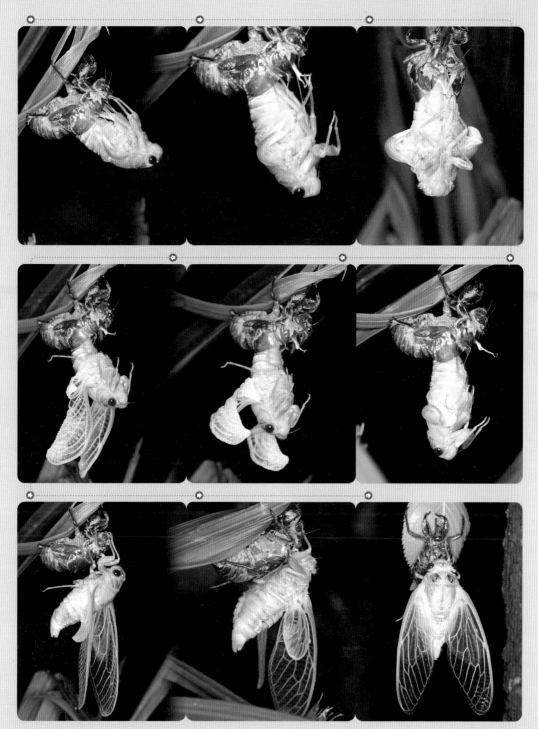

참매미 날개돋이

참매미 허물

백강균에 감염된 참매미

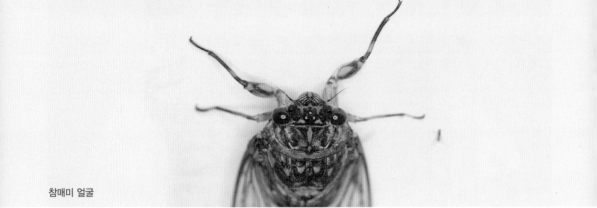

참매미 얼굴

| 소요산매미 |

울음소리가 독특한 매미입니다. 맴맴맴맴 울다가 타카 타카 타카 소리로 끝을 맺어 한 번만 들어도 쉽게 기억할 수 있습니다. 몸길이는 암컷이 20센티미터 내외, 수컷은 27센티미터 내외로 우리나라에 사는 매미 가운데 작은 편에 속합니다. 최초 기록지는 중국 서부이며, 조복성이 소요산매미로 기재했습니다. 북한에서는 '애기돌매미'라고 부릅니다.

소요산매미 날개 끝까지의 길이 수컷 37mm, 암컷 35mm 내외의 소형종으로, 5~8월에 보인다.

소요산매미 이른 시기에 활동하며, 5월 말부터 볼 수 있다.

소요산매미 날개돋이 직후의 모습이다.

소요산매미 허물

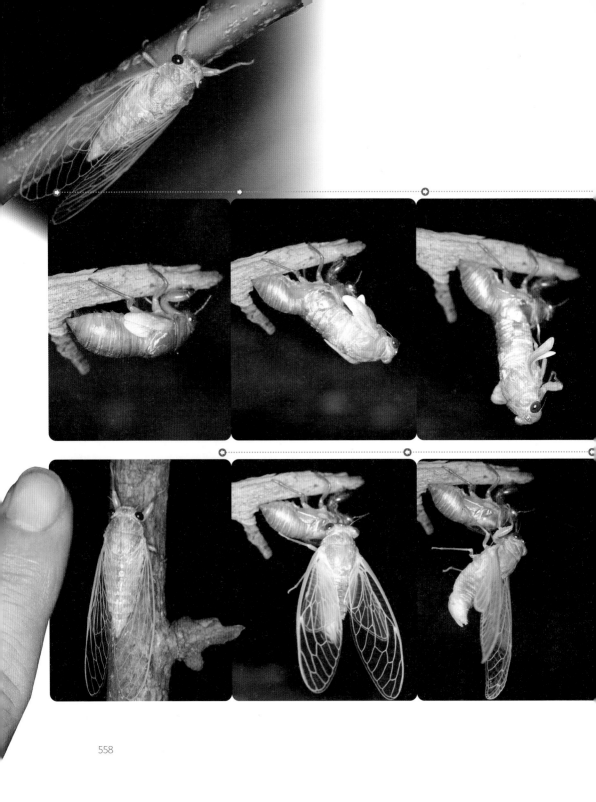

5월 하순부터 8월 중순까지 볼 수 있으며 제주도를 제외한 우리나라 전역에 서식합니다. 날개돋이는 낮은 풀잎이나 2미터 이하의 낮은 곳에서 이루어진다고 알려졌습니다.

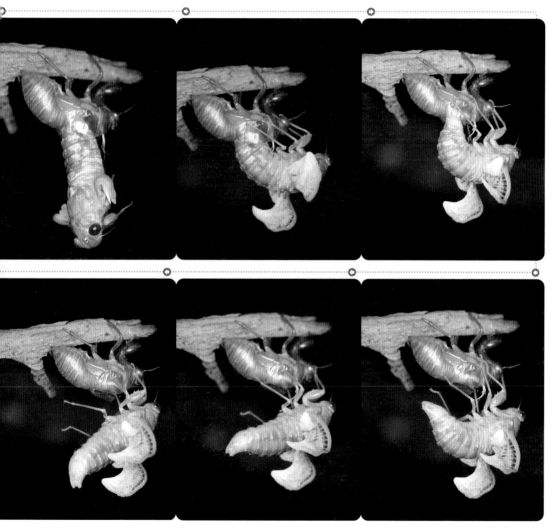

소요산매미 날개돋이

| 쓰름매미 |

쓰름~ 하고 울어 붙인 이름입니다. 소형종 매미로 7월 초순부터 9월 중순까지 볼 수 있습니다. 최초 기록지는 중국이며 쓰르라미, 씨르라미 등으로도 불리며 북한에서는 '띠르미'라고 부릅니다. 애매미와 비슷하게 생겼지만 암수 모두 마지막 배마디 윗면에 흰색의 넓은 띠가 있어 구별됩니다.

날개돋이는 주로 2미터 이하의 낮은 곳에서 이루어지며 짝짓기 후 암컷은 죽은 나뭇가지에 산란하는 것으로 알려졌습니다. 애매미처럼 가늘고 기다란 암컷의 산란관이 배 끝으로 돌출되어 있습니다. 수컷이 약간 크며 몸길이가 30센티미터 내외입니다.

애매미와 달리 암수 모두 마지막 배마디 윗면에 흰색의 넓은 띠가 있다.

쓰름매미 날개 끝까지의 길이는 수컷 47mm, 암컷 46mm 내외로 7~9월에 보인다.

쓰름매미 애벌레

쓰름매미 허물의 크기를 짐작할 수 있다.

쓰름매미 허물

| 애매미 |

우리나라 전역에 살며 서식지가 가장 넓습니다. 7월 초순부터 10월 중순까지 볼 수 있으며 우리나라 매미 가운데 가장 울음소리가 현란합니다. 몸길이는 수컷 28센티미터 내외, 암컷 30센티미터 내외로 소형종입니다. 암컷은 가늘고 기다랗게 돌출된 산란관으로 주로 죽은 나무의 가느다란 가지에 알을 낳는다고 알려졌습니다. 알은 산란한 이듬해 부화하며 날개돋이는 보통 2미터 이하의 낮은 곳에서 이루어집니다.

애매미 날개 끝까지의 길이는 수컷 43mm, 암컷 45mm 내외로 7~10월에 보인다. 우리나라에서 가장 서식지가 넓다.

애매미 수컷

애매미 암컷

애매미의 크기를 짐작할 수 있다.

애매미 애벌레

최초 기록지는 우리나라로 조복성이 애매미로 기재했습니다. 이전 이름은
기생매미였고 북한에서는 '애기매미'라고 합니다.

애매미 날개돋이

애매미 허물

매미아목 거품벌레상과

거품벌레는 이 무리의 애벌레들이 거품을 내어 그 속에서 살아서 붙인 이름입니다. 거품은 강한 햇빛에 피부를 보호하고 천적으로부터 자신을 지키기 위한 쓰임으로도 보입니다. 배 끝에서 끈적끈적한 물질을 분비하면서 몸을 흔들면 거품이 만들어집니다. 애벌레 시기에만 거품 속에서 살아가며 성충이 되면 더 이상 거품을 만들지 않습니다.

　매미 집안답게 빨아 먹는 입틀이며 번데기 없이 성장하는 안갖춘탈바꿈(불완전변태)을 합니다. 날개돋이 모습을 보면 크기만 작을 뿐 매미와 아주 비슷합니다.

　쥐머리거품벌레과, 거품벌레과, 가시거품벌레과의 3과가 있습니다.

● 쥐머리거품벌레과

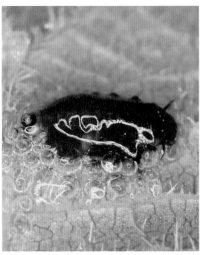

쥐머리거품벌레 애벌레가 만든 거품 버드나무류에 서식한다.

쥐머리거품벌레 애벌레가 거품을 만들고 있다.

쥐머리거품벌레 애벌레의 크기를 짐작할 수 있다.

쥐머리거품벌레 성충 날개를 포함해 등면 전체에 미세한 털이 덮여 있어 쥐처럼 보인다.

쥐머리거품벌레 성충 밤에 등불에 찾아든다. 몸길이는 6~8mm다. 겹눈이 적갈색이다. 겹눈 2개, 홑눈 2개다.

● 거품벌레과

어리광대거품벌레 몸길이는 5~6mm다. 크기를 짐작할 수 있다.

어리광대거품벌레 쥐똥나무 등에 서식한다.

광대거품벌레 수컷 암컷보다 작고 몸이 더 둥글다.

광대거품벌레 암컷 몸길이는 7mm 내외, 쑥 등에 서식한다. 뒷다리가 발달해 잘 튀어 오른다.

광대거품벌레의 크기를 짐작할 수 있다.

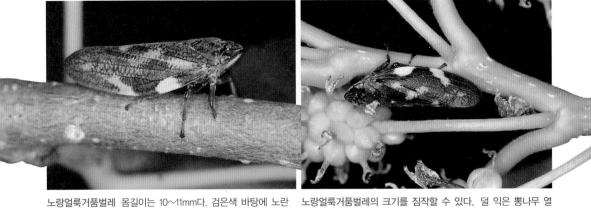

노랑얼룩거품벌레 몸길이는 10~11mm다. 검은색 바탕에 노란
색 무늬가 있어 화려해 보인다.

노랑얼룩거품벌레의 크기를 짐작할 수 있다. 덜 익은 뽕나무 열
매에 앉아 있다.

노랑얼룩거품벌레 애벌레는 5월쯤 느릅나무 잎 등에서 볼 수 있다.

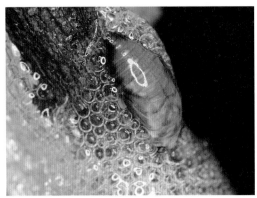

노랑얼룩거품벌레 애벌레

노랑얼룩거품벌레 애벌레

노랑얼룩거품벌레 날개돋이

노랑얼룩거품벌레 탈피 허물

노랑얼룩거품벌레(날개돋이 직후의 모습)

노랑얼룩거품벌레 애벌레 느릅나무에 거품집을 만들어 놓았다.　　노랑얼룩거품벌레 거품집 속에서 날개돋이했다.

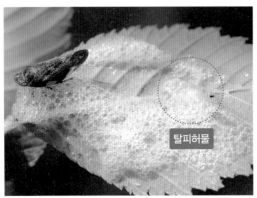

탈피허물

노랑얼룩거품벌레 날개돋이　　　　　　　　　　노랑얼룩거품벌레 성충

가문비거품벌레 가문비나무(소나무과)에 서식하는 것으로 보인다. 몸길이는 7∼8mm다.

설악거품벌레 애벌레 집

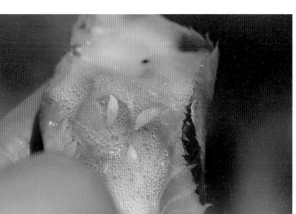

설악거품벌레 애벌레

설악거품벌레 애벌레가 거품을 만들고 있다.

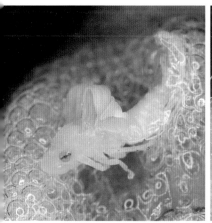

설악거품벌레가 날개돋이를 하고 있다.

설악거품벌레 성충 날개 가장자리에 노란 줄무늬가 있다.

설악거품벌레 성충의 크기를 짐작할 수 있다. 몸길이는 6~7mm다.

검정거품벌레 암수 덩치가 큰 위쪽 개체가 암컷이다.

검정거품벌레 검은색 바탕에 얼룩무늬가 있다.

검정거품벌레 몸길이는 11mm 내외, 다른 거품벌레들보다 머리가 작다.

노랑무늬거품벌레 날개 뒷부분에 황백색 점이 있다.

노랑무늬거품벌레 우리나라 거품벌레 가운데 가장 크다. 몸길이는 12~13mm다.

노랑무늬거품벌레 애벌레집

만주거품벌레 몸길이는 11mm 내외, 노랑무늬거품벌레와 비슷하지만 날개에 점이 없다.

갈잎거품벌레 몸길이는 11mm 내외다.

갈잎거품벌레 옆모습 겹눈이 재미있게 생겼다.

갈잎거품벌레 짝짓기

매미아목 뿔매미상과

● 뿔매미과

동굴뿔매미 몸길이는 4mm 내외로 아주 작다. 몸이 동글동글하게 생겨서 붙인 이름이다.

모지뿔매미 몸길이는 6~7mm다. 앞가슴등판 양쪽이 뿔처럼 발달했다. 주로 경작지 주변에 서식한다.

외뿔매미 몸길이는 10~11mm다. 뿔매미 가운데 가장 많이 보인다.

외뿔매미의 크기를 짐작할 수 있다.

외뿔매미 몸에 점각이 흩어져 있고 짧은 털이 빽빽하다.

외뿔매미 이름은 외뿔매미이지만 어깨 양쪽에 조그만 뿔 같은 돌기가 2개다.

● 매미충과

귀매미 앞가슴등판 양옆에 귀 모양 돌기가 발달했다. 몸길이는 수컷 14mm, 암컷 18mm 정도다. 크기를 짐작할 수 있다. 참나무류 등의 잎에서 살며 성충으로 월동한다.

귀매미 성충 몸에 기생파리 알이 붙어 있다.

금강산귀매미 머리 앞쪽 가장자리에 붉은색 선이 둘려 있다. 먹이식물로는 칡·신갈나무·상수리나무·물참나무·갈참나무·졸참나무가 알려졌다.

금강산귀매미의 크기를 짐작할 수 있다. 몸길이는 수컷 11mm, 암컷 14mm 정도다.

금강산귀매미 약충

금강산귀매미 만주귀매미와 달리 앞가슴등판 양쪽이 옆으로 튀어나와 있다.

만주귀매미 금강산귀매미와 비슷하지만 작은 노란색 둥근 점이 흩어져 있다. 몸길이는 13mm 정도다.

만주귀매미 머리 앞쪽 가장자리에 붉은색의 띠가 둘려 있는 것이 특징이다.

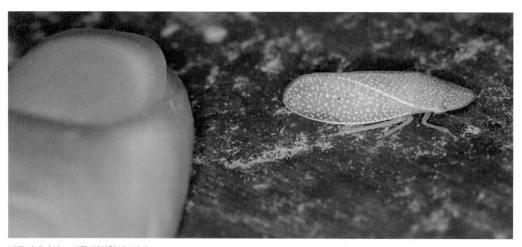

만주귀매미의 크기를 짐작할 수 있다.

소금강귀매미 몸길이는 9~13mm로, 암컷이 크다. 배나무, 참나무류에서 많이 보인다.

소금강귀매미 얼굴이 재미있게 생겼다.

■■■ 등줄버들머리매미충 버드나무에 서식한다.

■■■ 등줄버들머리매미충 몸길이는 6mm 내외다.

■■■ 등줄버들머리매미충 날개맥에 독특한 무늬가 나타난다.

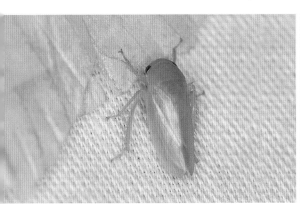
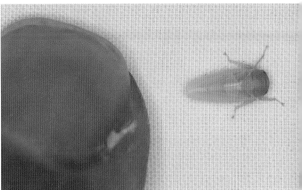

상제머리매미충 몸길이는 5~7mm 정도다. 1년에 3회 나타나며 성충으로 월동한다.

상제머리매미충의 크기를 짐작할 수 있다.

■■■ 설악상제머리매미충 상제머리매미충과 비슷하지만 앞가슴등판 앞쪽에 삼각형 무늬가 있는 것이 구별점이다. 몸길이는 5~6mm다.

■■■ 어리꼬마상제머리매미충 앞날개에 점과 점각이 흩어져 있다. 2017년에 신종으로 기재된 매미충이다.

■■■ 고려버들머리매미충 날개 접합 부위와 날개 끝이 짙은 갈색이다. 몸길이는 5~6mm다.

황백매미충 이마에 2개, 겹눈 앞으로 나란히 검은색 점이 3개 있다. 모두 5개다.

황백매미충 전체적으로 연한 녹색이다. 몸길이는 8~12mm, 6월에 가장 많이 보인다.

황백매미충 날개 접합 부분에 노란색 줄이 나타난다.

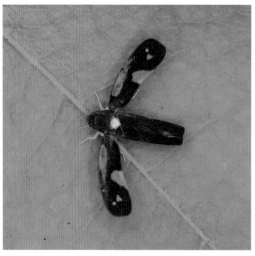

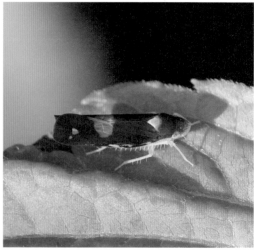

제비말매미충 날개 접합 부분에 커다란 흰색 무늬가 있다. 몸길이는 6~7mm 정도다.

제비말매미충 날개를 접은 모습. 풀밭에서 많이 관찰된다.

끝검은말매미충 이름처럼 날개 끝이 검다. 몸길이는 11∼14mm다. 끝검은말매미충 얼굴에 검은색 점무늬가 많다.

끝검은말매미충 주로 낮에 활동하며 성충으로 월동한다. 끝검은말매미충 짝짓기

끝검은말매미충 약충 끝검은말매미충 약충 조금 더 자란 약충이다.

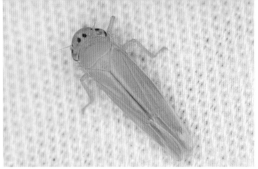

말매미충 매미충 종류 중 서식 빈도가 높은 종 가운데 하나다.

말매미충 몸길이는 9mm다. 더듬이 앞쪽에 검은색 무늬가 있다.

지리산말매미충 수컷 광택이 나는 검은색이다. 암수 모두 몸길이가 8mm 정도다. 암수 생김새가 다른 성적이형이다.

지리산말매미충 수컷 4월부터 보이기 시작한다.

지리산말매미충 암컷 날개가 배의 절반 정도다.

지리산말매미충 약충

지리산말매미충 짝짓기
왼쪽이 암컷이다.

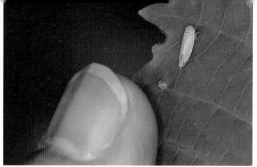

끝동매미충 암컷 암수 모두 머리 앞쪽에 가로띠가 있다. 몸길이는 6mm 정도다.

끝동매미충 암컷의 크기를 짐작할 수 있다.

끝동매미충 수컷 겹눈 사이에 검은색 테두리의 황백색 띠가 머리띠처럼 보인다.

끝동매미충 수컷 날개 끝이 짙은 색이다. 몸길이는 4~5mm, 암컷보다 작다.

왕버들각시매미충 몸길이는 11~12mm로 각시매미충류 가운데 대형종이다. 관목이나 버드나무류 등에서 볼 수 있다.

버금그물눈매미충 날개맥이 그물눈처럼 발달했다. 몸길이는 8mm 내외다.

둥근머리각시매미충 날개 중간을 가로지르는 흰색 넓은 띠 무늬가 있다. 몸길이는 10mm 정도다.

청송각시매미충 앞가슴등판과 작은방패판이 진한 노란색이다. 몸길이는 8.5mm 정도다.

앞흰넓적매미충 몸길이는 6~7mm, 앞날개의 앞 가장자리를 따라 회황색의 띠가 나타난다. 주로 산지의 개울가에 서식한다.

일본큰모무늬매미충 날개 접합 부분 가운데에 커다란 무늬가 있다.

일본큰모무늬매미충의 크기를 짐작할 수 있다. 몸길이는 5mm 내외다.

투명날개단풍뾰족매미충 몸길이는 6mm, 작은 곤충에 속하며 머리 앞부분이 뾰족하게 튀어나왔다.

흰점박이황나매미충 가운데가슴등판에 흰색 가로띠가 있고 날개에 흰색 점이 많다. 몸길이는 4~5mm다.

● 큰날개매미충과

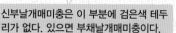
신부날개매미충은 이 부분에 검은색 테두리가 없다. 있으면 부채날개매미충이다.

- ■■■ 신부날개매미충
- ■■■ 신부날개매미충 몸길이는 5mm 정도다. 앞날개 옆에 노란색 무늬가 있다.
- ■■■ 신부날개매미충 약충

- ■■■ 부채날개매미충 앞날개 끝 가장자리에 줄무늬가 있는 것이 신부날개매미충과 다르다.
- ■■■ 부채날개매미충 몸길이는 9~10mm. 몸은 흑갈색이며 머리는 어두운 갈색이다. 크기를 짐작할 수 있다.
- ■■■ 부채날개매미충 몸에 비해 날개가 매우 크다. '날개매미충'이란 이름이 들어간 이유다.

남쪽날개매미충 날개에 짙은 가로띠가 나타난다.

남쪽날개매미충 약충

남쪽날개매미충의 크기를 짐작할 수 있다.

남쪽날개매미충 몸길이는 4mm 정도며 개체 변이가 심하다.

일본날개매미충 하얀색 가로띠가 2줄 있다.

일본날개매미충 몸길이는 6~8mm로 남쪽날개매미충보다 크다.

일본날개매미충의 크기를 짐작할 수 있다.

일본날개매미충
뒷다리가 발달하여 잘 튄다.

갈색날개매미충 2009년 공주에서 처음 발견된 외래 곤충이다.
현재는 전국적으로 분포하며, 몸길이는 8～9mm다.

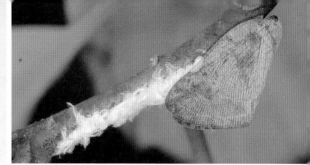

갈색날개매미충이 산란하고 있다. 나뭇가지 속에 알을 낳고 밀랍
성분의 물질로 막는다.

갈색날개매미충 밀랍이 나오고 있는 모습이다.

갈색날개매미충 암컷 거미줄에 걸려 있다. 산란관에 밀랍이 보인다.

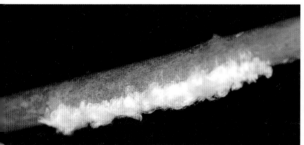

갈색날개매미충 알자리 그 상태로 겨울을 난다.

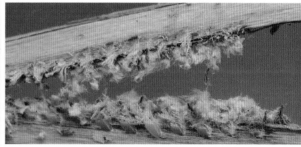

갈색날개매미충 알

갈색날개매미충 약충

날개돋이 직후의
갈색날개매미충

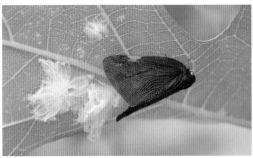

갈색날개매미충 날개돋이 후 조금 시간이 지난 개체다. 날개 색이 서서히 드러나기 시작한다.

5령 약충

4령 약충

갈색날개매미충 노란색 비늘가루가 다 떨어지면 검은색 날개 가 드러난다.

갈색날개매미충 약충

선녀벌레(선녀벌레과) 몸길이는 5mm 내외로, 같은 과인 미국 선녀벌레와 달리 주로 남부지방에 서식한다. 새로 나온 잎 뒷 면이나 잎집에서 즙을 빨아 먹으며 생활한다. 죽은 가지에서 알로 월동한다.

미국선녀벌레 1년에 1회 발생하며 알로 월동한다.

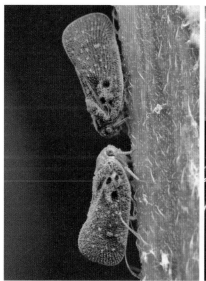

미국선녀벌레 북미 원산의 외래 곤충으로 몸길
이는 7~8mm다.

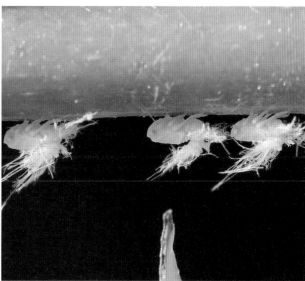

미국선녀벌레 애벌레

● 긴날개멸구과

주홍긴날개멸구 흰색 겹눈, 주홍색 몸,
긴 날개가 인상적이다. 몸길이는 4mm
내외, 날개편길이는 8～9mm다.

주홍긴날개멸구
날개가 길지만 날지 않고 튀어 다닌다.

남방점긴날개멸구 몸길이는 6mm 정도다. 앞날개와 뒷날개 끝부분에 검은색 점이 있다.

끝빨간긴날개멸구 몸길이는 6∼7mm, 날개를 펴면 30∼32mm다.

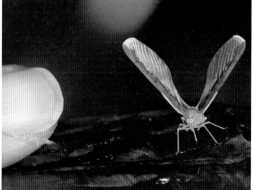

끝빨간긴날개멸구의 크기를 짐작할 수 있다.

끝빨간긴날개멸구 옆모습 몸은 비교적 통통한 편이다. 등불에도 찾아든다.

끝빨간긴날개멸구 앞날개 가장자리를 따라 폭넓은 적갈색 띠무늬가 나타난다.

동해긴날개멸구 몸길이는 5mm 정도다.

동해긴날개멸구 앞날개 가장자리와 날개맥이 붉은색을 띤다.

동해긴날개멸구 짝짓기

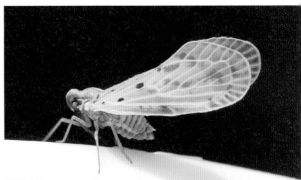

알락긴날개멸구 흰색 날개에 검은색 점들이 흩어져 있다.

알락긴날개멸구 이름처럼 날개가 매우 길다.

깨다시긴날개멸구 날개편길이는 9mm 정도다. 날개에 얼룩무늬가 있다.

깨다시긴날개멸구 몸길이는 3~4mm다.

● 꽃매미과

꽃매미 속날개가 붉은빛이다.

산란 자리를 찾고 있는 꽃매미 암컷들

꽃매미 암컷 9월경 나무나 구조물 표면에 산란한다. 몸길이는 14~15mm, 날개편길이는 40~50mm다.

꽃매미 알집 알을 낳은 뒤 겉을 회백색 가루로 위장한다. 알로 월동한다.

꽃매미 알집 내부

꽃매미 허물벗기

꽃매미 종령 약충

꽃매미 어린 약충 허물을 4번 벗고 성충이 된다.

희조꽃매미 앞날개에 검은색 무늬가 퍼져 있다.

희조꽃매미 속날개

희조꽃매미의 크기를 짐작할 수 있다. 꽃매미보다 조금 작다.
몸길이는 14~15mm, 날개편길이는 40~50mm다.

희조꽃매미, 늦털매미 비교 소형종인 늦털매미와 비교해도 아주
작다.

● 상투벌레과

상투벌레 머리가 길게 튀어나와 상투처럼 보인다.

상투벌레 몸길이는 12~14mm, 앞가슴등판과 작은방패판에 초록색 세로줄 무늬가 있다.

깃동상투벌레 알로 월동하며 몸길이는 11~13mm다.

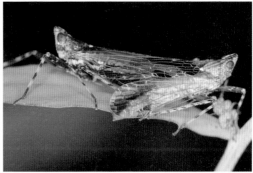

깃동상투벌레 짝짓기

주둥이

깃동상투벌레 주둥이가 주삿바늘처럼 생겼다.

네줄박이장삼벌레 몸길이는 5~6mm다.

네줄박이장삼벌레 날개에 넓은 띠가 4줄 있다.

큰장삼벌레 몸길이는 10mm 내외, 주로 6~8월에 많이 보인다.

큰장삼벌레 넓은 날개는 배 끝을 넘는다. 배마디에 가로띠가 있다.

버들장삼벌레

장삼벌레류

큰장삼벌레류

장삼벌레류

금강산멸구 머리가 앞으로 길게 튀어나와 상투벌레와 혼동하기 쉬우나 멸구과 곤충이다. 몸길이는 7mm 내외다.

일본멸구 가슴 등판에 흰색 줄무늬가 있으며 날개맥은 흑갈색이다. 몸길이는 5~6mm다.

풀멸구 몸길이는 5~6mm로 가늘고 길다. 짝짓기를 하고 있다.

풀멸구 수컷 날개 끝이 검은색이다.

풀멸구 수컷 옆모습

정숙머리멸구(좀머리멸구과) 몸은 주황색이고 날개는 흑갈색이다.

정숙머리멸구 머리에 검은 점무늬가 있다. 몸길이는 7mm 정도다.

진딧물아목

노린재목에 속한 진딧물아목은 진딧물, 깍지벌레, 가루이, 나무이 등이 속한 분류군으로 노린재목답게 주둥이로 찔러서 빨아 먹으며, 안갖춘탈바꿈(불완전변태)을 하는 외시류입니다.

진딧물은 여느 곤충과 달리 생태가 독특합니다. 보통 알로 월동하는데 이 알에서 깨어난 애벌레는 허물을 벗으며 성장하여 날개가 없는 무시충 성충이 됩니다. 이 성충을 '간모'라고 합니다. 간모는 알을 낳지 않고 새끼를 낳는데 이 새끼를 '산자'라고 합니다. 산자가 성장하면 역시 날개가 없는 무시충이 됩니다.

몇 세대를 거듭하다 먹이가 부족하거나 집단이 너무 많아지면 이때 날개를 단 유시충이 나옵니다. 새로운 먹이를 찾으려면 이동해야 하기 때문이지요. 이 유시충 성충은 가을이 되면 새끼를 낳지 않고 알을 낳습니다. 진딧물은 이 알 상태로 월동하여 봄에 되면 다시 간모가 되는 생활환生活環(생물이 수정란 등 개체 발육을 시작하여 여러 시기를 거치면서 성체로 성숙하여 생식을 하고, 다시 그 자손이 같은 과정을 거쳐 순환하는 것)을 거칩니다.

진딧물들은 보통 배 뒤쪽에 뿔 모양의 돌기가 발달해 있는데 이를 '뿔관'이라고 합니다. 이 뿔관에서 끈적끈적한 분비물로 천적의 먹이 활동을 방해합니다. 진딧물의 방어 무기라고 할 수 있지요.

진딧물의 천적은 무당벌레나 풀잠자리 같은 곤충입니다. 아무리 뿔관이 있다 해도 이들을 방어하기에는 무리입니다. 그래서 진딧물은 개미의 도움을 받고 그 대신 개미에게 단물을 제공합니다. 이 단물은 진딧물이 식물 즙을 먹고 난 배설물입니다.

가끔 진딧물들 사이에 부전나비류 애벌레를 만날 수 있습니다. 부전나비 가운데 몇 종은 진딧물이나 진딧물이 배설하는 배설물을 먹고 살기 때문입니다.

● 진딧물과

진딧물 간모와 산자

진딧물 무시충

진딧물 유시충

진딧물 유시충과 무시충

진딧물 간모와 산자

유시충

무시충

산자

진딧물 유시충, 무시충, 산자

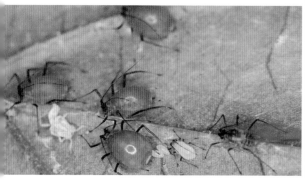

진딧물은 가을에는 새끼를 낳지 않고 알을 낳는다.

개미와 진딧물

진딧물 배설물(감로)

부전나비류 애벌레

진딧물과 부전나비류 애벌레

진딧물이 새끼를 낳고 있다.

밤나무왕진딧물(왕진딧물과) 알 알 상태로 월동한다.

밤나무왕진딧물 광택이 나는 검은색이며 뒷다리가 특히 길다.
참나무류, 아까시나무 등에 서식한다.

밤나무왕진딧물 유시충

버들진딧물(진딧물과) 버드나무류에 서식한다.

버들진딧물 배 뒤쪽에 뿔관의 모양이 선명하게 보인다.

소나무왕진딧물(왕진딧물과) 주로 소나무에 서식한다.

인도볼록진딧물(진딧물과) 주로 나리류 등에 서식한다.

인도볼록진딧물 알을 낳고 있는 유시충 암컷이다.

사사키잎혹진딧물(진딧물과) 벚나무에 서식한다.

사사키잎혹진딧물

● 나무이과

뽕나무이(나무이과) 약충

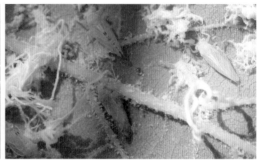

뽕나무이 약충과 성충　성충은 주황색형과 녹색형이 있다.

뽕나무이 약충

뽕나무이　허물을 벗고 성충이 되었다.

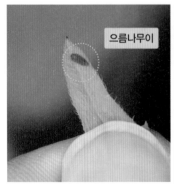

으름나무이(나무이과) 몸길이는 2~4mm다.

으름나무이　으름덩굴에서 서식한다.

으름나무이　몸 전체가 주황색이다.

● 깍지벌레과

왕공깍지벌레(왕공깍지벌레과) 참나무류에 서식하며 몸길이는 8~10mm다.

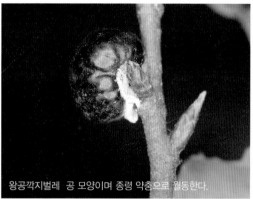

왕공깍지벌레 공 모양이며 종령 약충으로 월동한다.

이세리아깍지벌레(이세리아깍지벌레과) 수액을 빨아 먹으며 살고, 배가 납작하며 등은 볼록하다.

이세리아깍지벌레의 크기를 짐작할 수 있다.

산란 중인 이세리아깍지벌레 암컷 밀랍 속에 알이 들어 있다.

짚신깍지벌레(이세리아깍지벌레과) 암컷은 날개가 없으며 몸이 납작하지만 수컷은 날개가 있다.

짚신깍지벌레 참나무류에 서식한다.

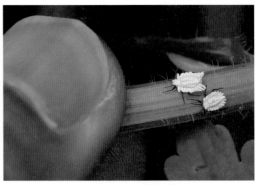

도롱이깍지벌레(도롱이깍지벌레과) 몸길이는 6mm 정도, 솜털 모양의 흰색 물질로 덮여 있다. 국화나 쑥갓 등에 서식한다.

도롱이깍지벌레의 크기를 짐작할 수 있다.

줄솜깍지벌레(밀깍지벌레과) 암컷이 산란 중이다. 고리 모양의 밀랍 안에 알이 들어 있다.

줄솜깍지벌레 자귀나무 등에 서식한다.

줄솜깍지벌레 알집

줄솜깍지벌레가 달려 있는 모습

602

공깍지벌레(밀깍지벌레과) 산란기의 암컷은 공 모양이며 수컷은 날개가 있다. 홍점박이무당벌레 애벌레가 천적이다.

공깍지벌레 매화, 살구, 자두 등의 나무에 서식한다.

쥐똥밀깍지벌레(밀깍지벌레과) 수컷과 2령 약충이 사는 곳이다.

쥐똥밀깍지벌레 쥐똥나무, 물푸레나무 등에 서식한다. 1령 약충은 잎에 살며 2령부터는 가지로 이동한다.

쥐똥밀깍지벌레 암컷 성충으로 월동한다.

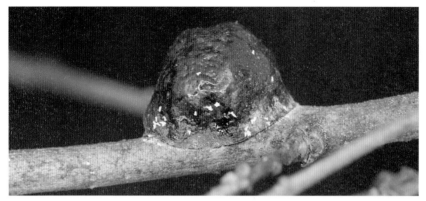

쥐똥밀깍지벌레 암컷 겨울 모습

쥐똥밀깍지벌레 암컷 아랫면

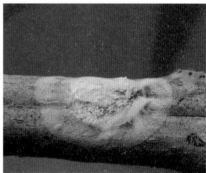

쥐똥밀깍지벌레 흰색 밀랍을 분비한다.

쥐똥밀깍지벌레 봄에 만난 모습이다. 크기를 짐작할 수 있다.

거북밀깍지벌레(밀깍지벌레과) 감나무, 벚나무, 배나무, 귤나무 등의 가지와 잎에 서식한다.

거북밀깍지벌레 암컷 몸길이는 4mm 정도로 거북의 등딱지처럼 생겼다.

거북밀깍지벌레 암컷의 크기를 짐작할 수 있다. 10월에 관찰한 모습이다.

| 참고 자료 |

• 도서

권순직 · 전영철 · 박재홍, 『물속생물도감』, 자연과생태, 2013

김명철 · 천승필 · 이존국, 『하천생태계와 담수무척추동물』, 지오북, 2013

김상수 · 백문기, 『한국 나방 도감』, 자연과생태, 2020

김선주 · 송재형, 『한국 매미 생태 도감』, 자연과생태, 2017

김성수 글 · 서영호 사진, 『한국 나비 생태도감』, 사계절, 2012

김성수, 『나비 · 나비』, 교학사, 2003

김용식, 『한국나비도감』, 교학사, 2002

김윤호 · 민홍기 · 정상우 · 안제원·백운기, 『딱정벌레』, 아름원, 2017

김정환, 『한국 곤충기』, 진선북스, 2008

_____, 『한국의 딱정벌레』, 교학사, 2001

김태우, 『메뚜기 생태도감』, 지오북, 2013

_____, 『곤충 수업』, 흐름출판, 2021

동민수, 『한국 개미』, 자연과생태, 2017

박규택 저자 대표, 『한국곤충대도감』, 지오북, 2012

박해철 · 김성수·이영보, 『딱정벌레』, 다른세상, 2006

백문기, 『한국밤곤충도감』, 자연과생태, 2012

_____, 『화살표 곤충도감』, 자연과생태, 2016

백문기 · 신유항, 『한반도 나비 도감』, 자연과생태, 2017

손재천, 『주머니 속 애벌레 도감』, 황소걸음, 2006

신유항, 『원색 한국나방도감』, 아카데미서적, 2007

아서 브이 에번스 · 찰스 엘 벨러미 지음, 리사 찰스 왓슨 사진, 윤소영 옮김, 『딱정벌레의 세계』, 까치, 2002

안수정 · 김원근 · 김상수 · 박정규, 『한국 육서 노린재』, 자연과생태, 2018

안승락, 『잎벌레 세계』, 자연과생태, 2013

안승락·김은중, 『잎벌레 도감』, 자연과생태, 2020

이강운, 『캐터필러 1』, 도서출판 홀로세, 2016

이영준, 『우리 매미 탐구』, 지오북, 2005

임권일, 『곤충은 왜?』, 지성사, 2017

임효순·지옥영, 『식물혹 보고서』, 자연과생태, 2015

자연과생태 편집부 엮음, 『곤충 개념 도감 』, 필통 자연과생태, 2009

장현규·이승현·최웅, 『하늘소 생태도감』, 지오북, 2015

정계준, 『한국의 말벌』, 경산대학교출판부, 2016

_____, 『야생벌의 세계』, 경상대학교출판부, 2018

정광수, 『한국의 잠자리 생태도감』, 일공육사, 2007

정부희, 『버섯살이 곤충의 사생활』, 지성사, 2012

_____, 『먹이식물로 찾아보는 곤충도감 』, 상상의숲, 2018

_____, 『정부희 곤충학 강의』, 보리, 2021

최순규·박지환, 『나의 첫 생태도감』(동물편), 지성사, 2016

허운홍, 『나방 애벌레 도감 1』, 자연과생태, 2012

_____, 『나방 애벌레 도감 2』, 자연과생태, 2016

_____, 『나방 애벌레 도감 3』, 자연과생태, 2021

• 인터넷 사이트

곤충나라 식물나라(https://cafe.naver.com/lovessym)

국가생물종정보시스템(http://www.nature.go.kr)

한반도생물자원포털(https://species.nibr.go.kr)

608

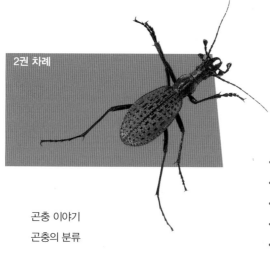

정부희 선생이 들려주는
우리 곤충 이야기

사계절 우리 숲에서 만나는 곤충

식물과 곤충은 떼려야 뗄 수 없는 관계,
먹고, 짝짓고, 산란하는 그 생생한 현장 속으로!

우리나라에는 무려 1만 6천여 종의 곤충이 산다. 이렇게 많은 종수의 곤충이 있는 것은 다분히 우리나라가 사계절이 뚜렷한 온대 지역이기 때문인데 일 년 내내 덥고 건기와 우기가 교차하는 동남아 같은 열대 몬순 지역에 사는 곤충들은 크기가 크고 색도 화려하지만 다양성 면에서는 우리나라에 못 미친다고 한다.

그 많은 곤충들이 각각의 계절에 맞춰 숲에 나타나 먹이 전쟁과 짝짓기 산란이라는 일대사를 치르느라 온 힘을 쏟는 것이다. 몸집도 작고 색도 수수한 편이라 눈에 잘 띄지 않는 우리나라 곤충이지만 우리 숲에서는 그야말로 온갖 곤충이 아우성치고 있다.

곤충학자인 저자의 안내에 따라 치열한 때로는 신비롭고 우아한 곤충의 생활사를 들여다며 곤충들의 생활을 알고 나면 막연하게 다가왔던 우리 숲의 풍요로움이 확연히 눈앞에 펼쳐질 것이다.

정부희 지음 | 170×220 | 336쪽 | 30,000원

*우수과학도서,
*행복한아침독서
추천도서
*올해의 청소년
교양도서

버섯살이 곤충의 사생활

버섯에 기대어 살아가는 곤충에 관한 국내 첫 기록!

버섯은 곤충들에겐 최고의 낙원이다. 맛있는 밥상이자 자손을 잇는 산란장이요, 귀한 집이기 때문이다. 애기 손바닥만도 못하게 작은 버섯, 종이 몇 장 겹쳐 놓은 것처럼 얇은 버섯, 나무껍질처럼 질긴 버섯, 사람들도 벌벌 떠는 독버섯은 물론 사람의 손을 타 바닥에 내버려진 버섯 속에도 경이롭게 생명이 숨 쉬고 있다. 한 마리도 아닌 수십 마리가 함께 그 버섯 속에서 잠을 자고, 먹고, 싸고, 아기를 키우며…… 그렇게 일생을 보낸다.

버섯살이 곤충은 한평생 살아가는 데 그저 버섯 한 조각이면 족하다. 더는 욕심내지도 않는다. 그런 소박한 그들의 밥상을 인간은 재미 삼아 때로는 별미로 욕심을 낸다.

그동안 아무도 쳐다봐 주지 않았던 우리 버섯에 사는 한국의 토종 곤충을 정리한 이 책에는 버섯살이 한국 토종 곤충들의 한살이가 상세하게 기록되어 있다.

정부희 지음 | 170×220 | 324쪽 | 30,000원

*우수과학도서
*청소년 권장도서
*책따세 겨울방학
권장도서